鼠伤寒沙门菌
胞外核酸酶的活性与功能

廖成水　李谷月　著

化学工业出版社
·北京·

U0877808

图书在版编目（CIP）数据

鼠伤寒沙门菌胞外核酸酶的活性与功能 / 廖成水，李谷月著. -- 北京：化学工业出版社，2025. 10.

ISBN 978-7-122-49178-7

Ⅰ. Q939.121

中国国家版本馆 CIP 数据核字第 20256KB192 号

责任编辑：邵桂林　　　　装帧设计：韩　飞

责任校对：田睿涵

出版发行：化学工业出版社

（北京市东城区青年湖南街 13 号　邮政编码 100011）

印　　装：北京科印技术咨询服务有限公司数码印刷分部

850mm×1168mm　1/32　印张 5¼　字数 101 千字

2026 年 1 月北京第 1 版第 1 次印刷

购书咨询：010-64518888　　　　售后服务：010-64518899

网　　址：http://www.cip.com.cn

凡购买本书，如有缺损质量问题，本社销售中心负责调换。

定　　价：59.00 元

版权所有　违者必究

前言

病原体分泌胞外蛋白是逃避宿主先天性免疫反应的重要机制。核酸酶广泛存在于微生物中，主要参与营养代谢、遗传物质的复制、重组和修复机制等过程。某些细菌分泌的胞外核酸酶有利于病原体感染，被认为是细菌的一类重要毒力因子。5′-核苷酸酶（5′-nucleotidase，5′NT）是一种特殊的磷酸水解酶。部分病原体通过5′NT合成脱氧腺苷和腺苷以抑制宿主免疫反应，同时5′NT可直接降解胞外诱捕网的DNA结构，有助于病原体逃避中性粒细胞的杀伤。虽然基因组分析显示鼠伤寒沙门菌具有5′*NT*基因，但关于鼠伤寒沙门菌胞外蛋白是否具有核酸酶活性和5′*NT*基因的研究尚未见报道。因此，本文首先对鼠伤寒沙门菌胞外蛋白的核酸酶活性进行分析和鉴定，然后以5′*NT*作为目的基因，克隆鼠伤寒沙门菌5′*NT*基因，对5′*NT*进行生物信息学分析，随后构建5′*NT*原核表达系统，并诱导表达纯化获得重组5′NT蛋白并检测其核酸酶活性。同时，采用同源重组技术构建鼠伤寒沙门菌5′*NT*基因缺失菌株，并分析缺失菌株的生物学特性。最后，检测重组蛋白

r5′NT 对巨噬细胞胞外诱捕网的作用为进一步探究5′*NT* 在鼠伤寒沙门菌感染中的作用奠定基础。

首先，开展鼠伤寒沙门菌胞外分泌蛋白核酸酶活性的鉴定研究。通过琼脂糖凝胶电泳法、琼脂扩散法和琼脂培养法证实了鼠伤寒沙门菌 SL1344 株的胞外蛋白具有降解 λDNA 的活性，且具有剂量依赖性，最适温度和 pH 分别为 42℃和 9.0。Na^{+}、K^{+}、Co^{2+}、Cu^{2+}、Fe^{3+}和 Mn^{4+} 并不影响鼠伤寒沙门菌胞外蛋白的核酸酶活性。存在 Ba^{2+}、Ca^{2+}、Mg^{2+} 和 Ni^{2+} 的情况下，胞外蛋白的核酸酶活性具有明显的增强。SDS-PAGE 酶谱分析发现鼠伤寒沙门菌胞外分泌蛋白存在四条活性核酸酶条带，采用 LC-ESI/MS/MS 技术进一步鉴定出七种蛋白质。

其次，开展鼠伤寒沙门菌核酸酶基因 5′*NT* 的原核表达及活性分析的研究。通过 PCR 扩增得到鼠伤寒沙门菌 5′*NT* 基因，利用生物信息学相关软件对 5′*NT* 进行预测分析。将 5′*NT* 基因连接至表达载体 pET-32a 构建重组表达质粒 pET-32a-5′*NT* 经大肠杆菌原核表达、纯化，采用 SDS-PAGE 和 Western-blot 分析，琼脂糖凝胶电泳分析重组蛋白的核酸酶活性。结果显示，成功克隆了 1482bp 的 5′*NT* 基因，5′*NT* 与肠杆菌属有较高的同源性，异丙基-β-D-硫代半乳糖苷诱导获得可溶性和包涵体表达的重组 5′*NT* 蛋白。通过对 r5′*NT* 可溶性表达的条件进行优化，发现异丙基-β-D-硫代半乳糖苷浓度为 0.5mmol/L、诱导温度为 20℃、诱导 6h 时重组蛋白 r5′*NT* 具有最高的可溶性表达。Western-blot 结果表明重组蛋白 r5′NT 具有良好的反应原性。同时，通过琼脂糖凝胶电泳检测发现可溶性表达的重组蛋白 r5′NT 可降解 λDNA，但核酸酶活性没有 DNase Ⅰ 强。随后探究不同浓度、不同反应温度、不同 pH 和不同金属阳离子对 r5′NT 核酸酶活性的影响。结果发现，r5′NT 核酸酶活性随着浓度的增加逐渐增强，在 37℃、pH6～7 时重组蛋白核酸酶活性最佳；同时 Mg^{2+} 可以促进核酸酶活性而高浓度 Zn^{2+} 抑制核酸酶活性；另外，r5′NT 的热稳定性较差。

随后，开展鼠伤寒沙门菌核酸酶基因 5′*NT* 缺失菌株的构建研究。利用同源重组方法构建鼠伤寒沙门菌核酸酶基因 5′*NT* 缺失菌株，以鼠伤寒沙门菌 SL1344 株为受体菌、大肠杆菌 χ7213（pRE-Δ5′*NT*）为供体菌，进行接合转移，并通过自杀性质粒介导的同源重组进行筛选 5′*NT* 基因缺失菌株。PCR 鉴定和测序结果显示，成功构建鼠伤寒沙门菌 5′*NT* 基因缺失菌株 SL1344Δ5′*NT*。将 5′*NT* 基因连接至载体 pBR322，转化至 SL1344Δ5′*NT* 缺失菌株构建回复菌株 SL1344CΔ5′*NT*。对亲本菌株 SL1344、缺失菌株 SL1344Δ5′*NT* 及回复菌株 SL1344CΔ5′*NT* 的表型、生长特性、遗传稳定性、生物被膜形成、对 HeLa 细胞的黏附和侵入、对小鼠的毒力、免疫小鼠后 IgG 抗体水平以及对小鼠的免疫保护率、核酸酶活性等生物学特性进行检测。结果显示，缺失菌株 SL1344Δ5′*NT* 的表型、生长特性、生物被膜以及侵袭能力等与亲本菌株基本相同，但是毒力明显降低，缺失菌株的 LD_{50} 增加至亲本菌株的 51 倍。缺失菌株免疫小鼠后血清中 IgG 抗体含量明显提高，且对小鼠有 50%的免疫保护率。此外，缺失菌株 SL1344Δ5′*NT* 的核酸酶活性较亲本菌株有所降低。

最后，开展重组蛋白 r5′NT 对巨噬细胞胞外诱捕网作用的研究。将野生菌株 SL1344、缺失菌株 SL1344Δ5′*NT* 和互补菌株 SL1344CΔ5′*NT* 与巨噬细胞共同孵育后发现缺失菌株诱导巨噬细胞释放更多的胞外诱捕网，而野生菌株和回复菌株处理组仅观察到极少量网状结构。通过检测胞外诱捕网对菌株的杀菌活性结果发现，METs 对缺失菌株杀菌活性显著增高，而对野生菌株和回复菌株分别有 30%和 20%的杀菌活性。为进一步探究 r5′NT 对 METs 的影响，采用 CCK-8 法检测 r5′NT 对巨噬细胞活力的影响。结果发现，r5′NT 浓度为 200μg/mL 孵育 0.5h 后细胞活力可以达到 95%以上。在上述条件下将 r5′NT 加入反应体系进行孵育，结果显示，与缺失菌株处理组相比，加入 r5′NT 后 METs 被降解且未观察到网状结构，同时，r5′NT 可以显著降低 METs 对缺失菌株的杀菌能力。

衷心感谢张梦珂硕士和钱满硕士在完成本项目中辛勤付出。

感谢本实验室程相朝教授、张春杰教授、李银聚教授和吴庭才教授以及余祖华老师、贾艳艳老师、郁川老师、何雷老师和李静老师在本工作完成过程中的指导和帮助。

本书的出版得到了河南省自然科学基金项目(242300421107)、国家自然科学基金项目（32373015）和河南省高等学校青年骨干教师培养计划（2023GGJS049）的资助。

廖成水

2025 年 6 月

目录

第1章

绪 论

1.1 鼠伤寒沙门菌的理化特性

沙门菌是最常见的食源性人畜共患病原菌，也是引起人类、驯养动物和野生动物感染的主要肠道病原菌[1]。人类因食用被污染的水或食物感染沙门菌，最常见的就是动物源性食品，例如奶制品、肉制品、鸡蛋[2]。一般情况下沙门菌感染的临床症状为肠胃炎或散播性疾病（也称为侵袭性非伤寒沙门菌病），沙门菌病的严重程度取决于沙门菌的基因型、宿主类型以及宿主的健康状态，是一种高发病率和高死亡率的疾病，造成严重的世界性公共卫生问题[3,4]。此外，沙门菌的抗原结构复杂多变，目前发现的沙门菌血清型已将近 2600 种，流行病学调查表明，引起食源性沙门菌病的最常见血清型是肠炎沙门菌和鼠伤寒沙门菌。

1.1.1 沙门菌病原学

沙门菌属于革兰氏阴性菌，是一种非孢子形成的兼性厌氧菌，不存在芽孢和荚膜，基本上都有鞭毛，主要表现为周围动力。在显微镜下观察沙门菌呈长杆形，中等大小，长约 2～5μm，宽约 0.7～1.5μm，两端钝圆，大部分独立存在，菌落直径约为 2～4mm[1]。沙门菌对外界环境条件要求不严格，最适宜在 37℃、中性环境中生长繁殖。沙门菌不需要特殊的培养条件，在普通琼脂培养基上培养即可，形成光滑的圆形菌落，在 SS 培养基上形成半透明无色或淡粉色菌落。沙门菌不能发酵乳糖，在肠杆菌选择培养基上呈无色菌落。生化反应测定发现沙门菌能分解葡萄糖、甘露醇、麦芽糖、山梨醇等产生气体，不能发酵阿拉伯糖、鼠李糖、木糖等，与鸟氨酸脱羧酶、精氨酸双水解酶、赖氨酸脱羧酶反应为阳性，与苯丙氨酸、色氨酸脱氨酶反应为阴性。沙门菌可在西蒙氏柠檬酸盐琼脂上生长，不能在 KCN 肉汤中生长。沙门菌对高温、紫外线、消毒药、pH 等的抵抗力较弱，55℃ 1h 或 60℃ 30min、紫外线照射、强酸环境、福尔马林等都能杀死沙门菌。

沙门菌主要有四种抗原：菌体抗原（O 抗原）、鞭毛抗原（H 抗原）、荚膜抗原（K 抗原，又叫 Vi 抗原）和菌毛抗原（F 抗原），其中 O 抗原是血清学分类的基础，迄今为止已发现将近 2600 个血清型[5]。沙门菌属主要分为邦戈尔沙门菌（*Salmonella bongori*）和肠道沙门菌（*Salmonella enterica*）两个种，肠道沙门菌又进一步分为 6 个亚种：*enterica*（Ⅰ）、*salamae*（Ⅱ）、*arizonae*（Ⅲa）、*diarizonae*（Ⅲb）、*houteae*（Ⅳ）和 *indica*（Ⅵ），除了几个罕见的血清型属于邦戈尔沙门菌外，其他血清型都属于肠道沙门菌。沙门菌血清型繁多的主要原因在于长链脂多糖（LPS）和鞭毛抗原的变异，且不同的血清型在宿主和感染方面存在很大差别[6]。沙门菌在进化过程中获得了多种重要的毒力因子，包括在沙门菌致病岛 1（SPI-1）上编码的Ⅲ型分泌系统（T3SS）以及肠道沙门菌致病岛 2（SPI-2）上编码的 T3SS[7]。此外，沙门菌属可分为宿主适应性血清型和非宿主适应性血清型，这取决于感染宿主的范围，宿主适应是指在特定宿主物种中传播的能力，宿主适应的菌株可能是由于致病性改变而产生的病原体。一般情况下沙门菌是胃肠道病原体，但沙门菌的宿主适应往往伴随着严重的散播性疾病，这种宿主适应血清型可能是由胃肠炎血清型早期进化产生的。邦戈尔沙门菌和肠道沙门菌可能在致病能力和严重程度上有所不同，前者通常由于缺乏 SPI-2 编码的 T3SS，不会增强在细胞内的复制，毒性较小[8,9]。而肠道沙门菌亚种Ⅰ的进化产生了 1500 多个血清型，其中一些进化表现出宿主适应，仅限于在单一宿主物种或某些密切相关的物种传播。沙门菌血清型的相关物种流行病学调查发现，鼠伤寒沙门菌是唯一一种几乎存在于所有宿主物种的血清型，是典型的具有广泛宿主范围的血清型[10]。

1.1.2 沙门菌的流行病学

沙门菌病也称为副伤寒，是沙门菌属感染各种动物引发的疾病的总称，主要临床表现为肠炎和败血症，严重时引起孕畜流产。人类沙门菌病则表现为肠炎、下痢等，主要症状是腹泻，也时常伴有发热、呕吐和腹痛。沙门菌遍布世界各地，宿主范围广泛，对人、家禽、家畜以及其他动物都具有致病性，是重要的人兽共患病原菌。沙门菌可引起不同年龄层次的人感染，特别是婴幼儿、老年人以及免疫功能低下的群体。沙门菌感染通常导致两种结果：自限性胃肠炎或侵入性全身性伤寒。沙门菌病的结果主要取决于感染的血清型，因此，沙门菌又可分为两种：伤寒沙门菌和非伤寒沙门菌，其中最常见引发胃肠炎的非伤寒沙门菌血清型是肠炎沙门菌（38.9%）和鼠伤寒沙门菌（29.7%）。全年都可发生非伤寒沙门菌感染，其中夏季和秋季是季节性高峰期。虽然关于发展中国家沙门菌病的流行病学调查及造成的经济负担的报道较少，但沙门菌感染被公认为是发展中国家儿童腹泻病的主要原因。非伤寒沙门菌的侵袭性菌株已成为非洲成人和儿童血液感染的主要病原，相关病例的死亡率可达20%～25%[11]。常见的引起伤寒的血清型是伤寒沙门菌和副伤寒沙门菌，其宿主仅限于人类[12]。最新的流行病学调查显示，每年约有1000万～2000万伤寒病例，其中有100000～200000例死亡[13]。沙门菌的传播途径主要有三个：①消化道和呼吸道；②生殖道；③子宫内感染或带菌禽蛋垂直传播。沙门菌病的主要传染源是患病群体和带菌群体，它们的排泄物和分泌物污染附近水源，健康动物摄入被污染的水而感染沙门菌，而人类主要是通过摄入被污染的水源或动物性食品感染沙门菌。动物携带沙门菌的现象非常普遍，尤其是鼠伤寒沙门菌，可潜伏于机体的各个组织脏器中，当宿主的免疫功能较弱时，鼠伤寒沙门菌在宿主体内大量生长繁殖，引发内源性感染，并通过各种渠道传染易感群体。通常情况下，潮湿拥挤、通风不畅、排泄物堆积等饲养条件更容易引发沙门菌病的传播。沙门菌病一般呈地方流行性或散发性，养殖场饲养环境较好、管理严格的情况下，一般呈散发性，不会引起大范围流行。

1.1.3 沙门菌的诊断和鉴定

沙门菌病首先要根据流行病学、临诊症状和病理变化做出初步诊断，然后对病畜（禽）进行细菌的分离鉴定进一步确诊，包括生化试验和血清学分型试验，一般选用血液、器官、粪便、流产胎儿、胃内容物、肝、脾等作为样品。成年鸡的沙门菌感染一般呈慢性和隐性经过，建议采用凝集反应进行诊断。鸡伤寒沙门菌和鸡白痢沙门菌具有相同的O抗原，因此可用同样的标准抗原进行凝集试验检测血清抗体。实验室鉴定主要是在不同固体培养基上培养粪便样品，其中麦康凯琼脂平板是最常用的低选择性鉴定培养基，由于沙门菌不发酵乳糖，菌落为无色。其他选择性固体培养基可用于更具体的分离和鉴定，例如沙门菌-志贺菌（SS）琼脂、木糖-赖氨酸-脱氧胆酸盐琼脂（XLD）和Hektoen肠溶琼脂（HE）平板，根据沙门菌属代谢产生硫化氢的特点，沙门菌在这三种选择性培养基中表现为带有黑色中心的菌落[14]。一般情况下，将分离的菌株接种于选择培养基置于37℃培养24h后检查平板。此外，几种特定的生化特性也可用于沙门菌的鉴定，如沙门菌可以发酵葡萄糖，但不能发酵乳糖和蔗糖，缺乏赖氨酸脱羧酶等。沙门菌在克氏双糖铁琼脂（KIA）和三糖铁琼脂（TSI）上产生气体和硫化氢或者发酵葡萄糖导致着黄色。这两种培养基一般都用于检测发酵葡萄糖和乳糖的能力，此外TSI培养基也可检测发酵蔗糖的能力。为了进一步鉴定所分离沙门菌的血清型，可采用特异性抗血清鉴定。市场上有7种多价O抗血清，可用于检测从人类和温血动物中分离出的沙门菌株（包括血清群 A、B、C、D、E、F、G、H 和 L），检出率可达 98%。此外，基质辅助激光解吸电离飞行时间质谱分析（MALDI-TOF）是新发现的一种简单、快速、廉价的常规细菌鉴定方法，可在特定临床情况下准确识别选定的细菌。目前，在世界范围内，越来越多的临床实验室和医院逐渐通过 MALDI-TOF 技术取代传统的沙门菌生化特征鉴定[15]。

1.1.4 沙门菌病的防治

沙门菌病的潜伏期为 7～24h，发病表现为突然发病、体温升高，常常伴有头痛、寒战、恶心、呕吐、腹痛和严重腹泻。为了防止沙门菌病从动物传染给人类，应注意以下几点：①加强饲养管理，消除发病诱因，确保畜禽饮水和饲料的清洁卫生；②患病动物应严格执行无害化处理，加强屠宰检验，特别是急需屠宰的病畜禽的检验和处理；③从事养殖、屠宰或销售动物类产品的所有相关工作人员，应严格遵守卫生消毒规定，防止病原菌传播；④动物类食品必须完全煮熟，并防止家庭和食堂的食物被啮齿类动物（尤其是鼠类）窃食，以免被污染；⑤采用添加抗生素的饲料，预防疾病的发生，但应注意细菌会产生耐药性，需及时更换抗生素，或采用疫苗接种进行预防。防制的基本原则是杜绝病原菌的传播，清理种群内的带菌动物，并严格执行消毒隔离制度，具体如下：①通过严格检疫和检验，防止饲料、饮水污染；②建立良种繁育体系，慎重引种；③定期进行全面的血平板凝集试验检疫，淘汰阳性动物；④保证养殖场的各个环节区域彻底消毒；⑤加强动物群体管理，保持育雏室、育肥舍及运动场的清洁、干燥；⑥发现患病动物，迅速隔离、消毒。

沙门菌病可选用抗生素和其他药物进行治疗，但治愈后的动物可能长期带菌，不能作种用。人类肠道沙门菌感染时，若体液流失较多，需要通过口服或静脉注射维持体液和电解质平衡，该病症状通常持续 5～7 天后自发消退。关于抗生素可减少疾病持续时间或对症状严重程度的功效仍然存在争议。一般情况下，重症患者应采用抗生素治疗，比如患侵袭性疾病或存在风险因素的患者；1 岁以下的儿童也应采用抗生素治疗，防止侵入性感染，一般治疗时间为 3～7 天；需迅速控制沙门菌传播时，也可采用抗生素治疗。抗生素药物包括氟喹诺酮类、甲氧苄氨嘧啶-磺胺甲基异噁唑（TMP-SMZ）、氨苄青霉素或扩展的头孢菌素（例如头孢曲松或头孢克肟）。然而，沙门菌对这些抗生素的耐药性一直在增加，TMP-SMZ 和氨苄西林几乎没有治疗效果，且沙门菌属的多重耐药菌株（MDR）特别多，鼠伤寒沙门菌的 MDR 表型超过 55%[16]。

1.1.5 鼠伤寒沙门菌的致病机制

鼠伤寒沙门菌感染早期，宿主依赖先天性免疫系统，且不依赖T细胞和B细胞[17]。在此阶段，宿主主要通过细胞膜上的Toll样受体（TLRs）和细胞溶质NOD样受体（NLRs）识别病原体，产生促炎性细胞因子刺激先天免疫系统，如干扰素-γ（IFN-γ）和肿瘤坏死因子（TNF），控制细胞内外的沙门菌感染[18~20]。研究发现口服感染后，鼠伤寒沙门菌迅速被血液中的 $CD18^+$ 细胞吸收，或者被派伊尔结的 $CCR6^+$ 吞噬细胞摄取，转移到肠系膜淋巴结[21]。此外，树突状细胞的树突延伸到肠腔中而不扰乱上皮细胞的紧密连接，也能捕获细菌。在慢性感染的 $Nramp1^{+/+}$ 小鼠的肠系膜淋巴结巨噬细胞中，鼠伤寒沙门菌可能被细胞杀死或突破宿主防御在细胞内生存。同时，巨噬细胞极化也会影响细菌感染，鼠伤寒沙门菌在原代人单核细胞极化的炎性M1巨噬细胞中不能复制，而在M2和M0巨噬细胞内可以复制[22]。巨噬细胞的来源进一步决定了细菌的生长或存活程度，与腹膜巨噬细胞相比，鼠伤寒沙门菌在脾巨噬细胞中存活更久[23]。

在细胞水平，鼠伤寒沙门菌可通过SPI-1依赖性入侵，也可通过宿主细胞介导的吞噬作用或胞饮作用进入巨噬细胞[24~26]。鼠伤寒沙门菌侵入后在巨噬细胞的

SCV 中存活，且鼠伤寒沙门菌在巨噬细胞内复制时可以准确调节毒力基因的表达水平，因此，尽管与溶酶体区室部分融合，鼠伤寒沙门菌依然可以在 SCV 内存活[27,28]。鼠伤寒沙门菌在宿主细胞的液泡环境内表现出生长异质性，细菌群体的片段在细胞内不进行复制，而是进入休眠状态，可能为复发感染提供原料[29,30]。转录组学分析表明，含有非生长细菌的巨噬细胞处于促炎性极化状态。相反，含有生长细菌的巨噬细胞以抗炎 M2 样状态存在，因此，沙门菌的生长停滞可能有助于免疫逃避和建立长期生态位[31]。

1.1.6 鼠伤寒沙门菌的危害

人类沙门菌病是最常发生的食源性感染之一。尽管全世界范围内都存在沙门菌病，但该病主要集中于发展中国家[32]。尤其是伤寒沙门菌的血清型，包括伤寒沙门菌、甲型副伤寒沙门菌，仅感染人类，特别是在低收入和中等收入的国家，每年约有 1350 万例伤寒[33]。而非伤寒沙门菌感染是最严重的，过去几十年的沙门菌病例超过 80%是由非伤寒沙门菌血清型引起的[34,35]。非伤寒沙门菌引发的感染每年高达 1.295 亿人次，其中有 10 万到 100 万人死亡[36]。非伤寒沙门菌感染通常仅限于胃肠炎，死亡率低，但某些侵入性菌株可进入血液引发严重危害生命的脓毒症，是儿童和成人菌血症的常见原因。肠炎和侵入性非伤寒沙门菌病都是以非特异性发热为特征的临床综合征。肠炎易发生在免疫功能低下的儿童和成人中，已知的疾病风险因素主要是行为或环境[37]。相比之下，侵入性非伤寒沙门菌病的风险因素反映了宿主对侵袭性疾病的不同易感性，而不是环境[11]。侵入性非伤寒沙门菌在极端年龄、营养不良、疟疾或 HIV 感染患者中更为严重[38]。在全世界范围内，最常见的引起非伤寒沙门菌暴发的病原菌就是鼠伤寒沙门菌和肠炎沙门菌。特别是鼠伤寒沙门菌，感染后发病率一直居沙门菌感染的首位，也是目前分离率最高的沙门菌菌型之一，严重危害人类健康安全[39,40]。在巴西，鼠伤寒沙门菌是引发人类全身性感染的主要血清型，而肠炎沙门菌通常与食源性沙门菌病的暴发有关[41,42]。此外，某些缺乏鞭毛 H 抗原的血清型（主要是鼠伤寒沙门菌的变异体）也与人类感染有关[43]。

1.2 核酸酶

1.2.1 核酸酶的分类

核酸酶是所有能够水解磷酸二酯键的酶的统称，作用于磷酸二酯键的 P-O 位置。根据作用底物的不同，可以将核酸酶分为核糖核酸酶（Ribonuclease，RNase）和脱氧核糖核酸酶（Deoxyribonuclease，DNase），前者水解 RNA，后者水解 DNA。DNase 又能分为 DNase Ⅰ（EC 3.1.22.1）和 DNase Ⅱ（EC 3.1.22.1）两大类。根据底物识别是否需要 5′或 3′末端以及裂解产物是单核苷酸还是寡核苷酸，核酸酶又可分为核酸外切酶（Exonuclease）和核酸内切酶（Endonuclease），前者是从多核苷酸链的末端切割单个核苷酸，后者是从核酸的任一末端切割超过一个核苷酸的磷酸二酯键。迄今为止，已经在多种生物中发现复杂多样的核酸酶，包括 GIY-YIG、PD-(D/E) XK、H 样和 PIN 样 RNase 等，这些大量不同的核酸酶构成了核酸酶超家族[44~46]。DNA 和 RNA 的磷酸二酯键要么在 5′端裂解，要么在 3′端裂解，但是核酸酶的结构及其催化机制却复杂多变。核酸酶能切割 DNA 或 RNA，可以是内切酶、外切酶、拓扑异构酶、重组酶、核酶或 RNA 剪接酶，催化不需要或需要 1～2 种金属离子，可利用水、（脱氧）核糖、无机磷酸盐或 Ser、Tyr、His 的侧链作为亲核试剂。此外，为了避免细胞 DNA 和 RNA 的不必要或不受控制的降解，核酸酶具有严格的底物特异性，根据核酸酶结构或序列特征可以识别特定底物[47]，并且存在多种强效抑制剂可以特异性抑制核酸酶活性[48]。

1.2.2 核酸酶的功能

核酸酶广泛存在于各种生物中，参与机体的各个生命活动过程，包括遗传、代谢、感染和免疫等重要过程。核酸酶是机体内不可或缺的水解酶，能催化DNA和RNA裂解，且在DNA复制、RNA转录以及蛋白质翻译的过程中发挥重要作用，例如去除RNA引物需要5′→3′外切和内切核酸酶，以及用于提高复制保真度的3′→5′外切核酸酶[49,50]。此外，DNA代谢的两个主要过程（即修复和重组）也需要核酸酶的配合。DNA修复机制是否准确在很大程度上决定了DNA的稳定性，而核酸酶在错配修复、核苷酸切除修复、碱基切除修复和双链断裂修复等过程中都是必不可少的[51]。核酸的结构改变也需要核酸酶的帮助，使磷酸二酯键暂时断裂，在传递或转移到新靶标后重新形成，例如拓扑异构化、位点特异性重组和RNA剪接[52]。此外，核酸酶对RNA的加工、成熟以及RNA干扰等过程也是至关重要的[53,54]。核酸酶降解DNA和RNA也是微生物防御机制的重要组成部分[55]。同时，细胞死亡引发DNA降解也使核酸酶在细胞凋亡的过程中发挥着重要的作用[56]。由于DNase和RNase活性缺陷导致内源性核酸的不完全去除，会引发各种自身免疫疾病[57]。核酸酶广泛存在于各种生物中，参与机体的各种生命活动，包括遗传、代谢、感染、免疫等重要过程。已有研究证明多种细菌都可分泌核酸酶。核酸酶在细菌的毒力形成、生物膜形成、利用细胞外DNA作为营养物以及中性粒细胞胞外诱捕网的降解等相关过程中起着重要作用，它的产生有利于感染细菌的传播扩散，是细菌重要的毒力因子。此外，DNA 富含碳、氮和磷，在土壤和海洋沉积物中含量丰富。因此，微生物的核酸酶对于清除环境中的营养物是非常重要的。核酸酶还有助于细菌将 DNA 作为唯一的碳源或氮源生长繁殖，如黏质沙雷氏菌、大肠杆菌和铜绿假单胞菌。

1.2.3 核酸酶在微生物感染中的作用

核酸酶是细菌的重要毒力因子，研究发现多种真核和原核微生物的毒力都与核酸酶息息相关。幽门螺杆菌（*Helicobacter pylori*）有许多细胞核靶向蛋白，可易位至宿主细胞的细胞核中，其中幽门螺杆菌分泌的核酸酶 HP0425 存在核定位信号（NLS）序列。研究发现 HP0425 可易位到宿主细胞的细胞核中并通过 DNase Ⅰ样酶活性降解基因组 DNA，这是幽门螺杆菌在宿主中的新致病机制[58]。研究人员通过对 73 株新隐球菌和 12 株隐球菌进行胞外核酸酶活性鉴定。结果表明，胞外核酸酶是新隐球菌和隐球菌的致病性毒力因子[59]。从 HIV 患者的唾液样本中获得 75 株白色念珠菌，其中 HIV 阴性组有 12.2%表现为核酸酶阳性，在 HIV 阳性组中比例更高，表明核酸酶有助于白色念珠菌感染机体[60]。此外，植物根边缘细胞是其对抗土源性病原体的重要物理防御屏障。根边缘细胞可产生蛋白质、多糖和 DNA 等细胞外基质，功能类似于动物中性粒细胞胞外诱捕网。研究发现青枯雷尔氏菌（*Ralstonia solanacearum*）的胞外 DNase 通过降解根边缘细胞产生的 DNA 逃避捕杀，表明胞外 DNase 是重要的毒力因子，有助于青枯雷尔氏菌抵抗植物根部的防御系统并导致细菌性枯萎病[61]。中性粒细胞胞外诱捕网（Neutrophil extracellular traps，NETs）是新发现的宿主针对病原体入侵的先天性免疫防御机制，当中性粒细胞受到病原微生物或者外源物质的刺激时，可向细胞外释放主要由 DNA 和颗粒蛋白组成的纤维网状结构，限制病原微生物或者外源物质在较小范围并通过释放高浓度毒性蛋白对其进行杀伤，在胞外结合、捕获并杀灭病原体，从而起到防止病原微生物扩散和抗微生物感染的作用[62,63]。最近的研究显示，病原体可以利用一系列手段来逃避宿主 NETs 的捕获与杀伤，主要包括：①荚膜；②改变细胞表面电荷；③生物被膜的形成；④通过肽酶和核酸酶抑制 NETs 的形成；⑤抑制 ROS 形成[64]。其中最常见的是致病菌通过分泌核酸酶降解 NETs 的 DNA 骨架来逃避 NETs 的防御和捕杀，从而扩大感染[61]。例如无乳链球菌通过分泌胞外核酸酶来攻击 NETs，这对其毒力是非常重要的[65]。A 群链球菌（GAS）分泌的细胞外 DNase 有助于逃避 NETs 的杀伤，抑制先天免疫反应的增强，从而促进 GAS 对中性粒细胞的抗性和毒力[66]。此外，霍乱弧菌、化脓性链球菌、淋病奈瑟菌、铜绿假单胞菌、旋毛虫以及利什曼原虫都能通过这种方式消除中性粒细胞的杀菌活性[67~70]。此外，病原体可以将核酸酶降解的 NETs 组分转化为触发中性粒细胞死亡的激活物，如金黄色葡萄球菌通过核酸酶将 NETs 转化为脱氧腺苷来逃避机体防御，而脱氧腺苷能引发 Caspase-3 介导的免疫细胞死亡[71]。研究发现中性粒细胞释放的诱捕网仅在 DNase 的作用下就可以被降解，而肥大细胞的 ETs 完全降解需要 DNase 以及酶降解类胰蛋白酶（如 MPO）的参与[72]。

1.3 微生物 5′-nucleotidase

5′-nucleotidase（EC 3.1.3.5）是在核苷酸或核苷酸衍生物的 5′末端切割磷酸基团，水解 5′-核糖核苷酸和 5′-脱氧核糖核苷酸以及复合核苷酸的水解酶，可作用于腺苷（次黄苷）-5′-磷酸，对 3′-磷酸则无作用。这些酶广泛分布于各个物种，包括植物、细菌、真菌、寄生虫和脊椎动物。所有 5′-nucleotidase 具有相对宽的底物特异性，不同的 5′-nucleotidase 水解底物的范围不同，5′-nucleotidase 主要以两种形式存在（细胞内或结合于细胞膜的表面），但释放到血液循环中的5′-nucleotidase只由肝胆组织分泌，是肝胆系统疾病的辅助诊断指标[73,74]。5′-nucleotidase的生理功能取决于它们的细胞定位，并且在各种生物和组织中存在差异。5′-nucleotidase的生理功能主要是参与各种生物和组织中核苷酸代谢的调节。研究发现大多数来自真核生物的5′-nucleotidase参与嘌呤和嘧啶补救途径、核酸修复、细胞间通信和信号转导等重要过程。同时，在机体生长发育的各个阶段均离不开5′-nucleotidase，在缺血性心脏病、白血病、缺血性肾病、肿瘤等疾病的发生和发展过程中具有重要的作用[75～77]。通过激酶抑制核苷的磷酸化，细胞内5′-nucleotidase参与调节核糖核苷和脱氧核糖核苷的单磷酸浓度，从而控制机体的核糖核苷酸和脱氧核糖核苷酸库，通过这种方式来控制机体的核糖核苷酸和脱氧核糖核苷酸库[78]。酶的生理功能在各种生物和组织中可能不同，并且可能超出其催化活性。因此，通过糖基磷脂酰肌醇锚定于质膜表面定位的5′-nucleotidase参与细胞-基质或细胞-细胞相互作用，甚至涉及跨膜信号传导。在某些细胞中，5′-nucleotidase在发育期间瞬时表达，并通过外部因素调节细胞中5′-nucleotidase的活性。细胞溶质5′-nucleotidase控制核苷5′-单磷酸的胞内水平，而表面定位的5′-nucleotidase能彻底水解细胞外ATP为腺苷，因此具有重要的生理学意义。

在健康生理条件下，5′-nucleotidase 是上皮细胞离子转运的调节因子，维持黏膜的水合作用。由于中性粒细胞的转移，血管内皮细胞之间会留下间隙，而游离的腺苷有助于重新密封该间隙，因此 5′-nucleotidase 还可以作为内皮细胞的守门员。同时 5′-nucleotidase 产生的腺苷通过对表达中性粒细胞的腺苷受体的负反馈调节来限制炎症的免疫应答[79]。研究发现 5′-nucleotidase 也在调节性 T 细胞（T_{REG}）中表达，且在非反应性 $CD4^+$T 细胞中表达水平更高，从而在正常机体内保持自身耐受性或在怀孕期间保护胎儿免受母体的免疫攻击[80,81]。在病理生理情况下，发现 5′-nucleotidase 的活性在缺血性心肌炎中与保护性腺苷的产生或适应性缺氧有关。最重要的是，5′-nucleotidase 参与肿瘤的发展，已有研究发现 5′-nucleotidase 在乳腺癌和前列腺癌的小鼠肿瘤模型以及人乳腺癌的异种移植模型中维持肿瘤血管生成。5′-nucleotidase 的表达促进了鼠和人的黑素瘤细胞以及人乳腺癌细胞的侵袭和转移[82]。值得注意的是，5′-nucleotidase 作为免疫抑制检查点分子也具有重要作用，表达 5′-nucleotidase 的调节性免疫细胞（如 Treg、MDSCs 或树突状细胞）引起肿瘤浸润，导致免疫抑制性腺苷的积累，可激活表达 A2A 腺苷受体（ADORA2A）的 T 细胞 cAMP 信号传导[83]。有研究发现在树突状细胞、MDSC、巨噬细胞和自然杀伤（NK）细胞上也表达腺苷受体，这就意味着腺苷能够抑制这些免疫细胞的功能[84]。鉴于 5′-nucleotidase 具有免疫抑制功能且能表达各种肿瘤实体，如黑色素瘤、三阴性乳腺癌、结直肠癌（CRC）和非小细胞肺癌等，可作为新型肿瘤免疫治疗方法的靶点分子。

在某些致病性细菌中，5′-nucleotidase 通过使腺苷单磷酸酯、二磷酸酯或三磷酸酯的去磷酸化，降低促炎性 ATP 的浓度或增加抗炎性腺苷的浓度，有助于免疫逃逸[77]。研究发现 5′-nucleotidase 在细菌细胞质、周质以及细胞膜上都存在，特别是某些致病菌，如霍乱弧菌、铜绿假单胞菌、金黄色葡萄球菌和无乳链球菌，致病性都与细胞膜上的 5′-nucleotidase 密切相关[85]。表面暴露的 5′-nucleotidase 对细菌具有免疫调节作用，这归因于它们使腺苷磷酸去磷酸化，导致促炎性 ATP 浓度降低和/或腺苷浓度增加，两者都通过吞噬细胞上的嘌呤受体介导以抑制吞噬活性[85,86]。此外，非致病性细菌——木质部难养菌（如 *Xylella fastidiosa*）的 5′-nucleotidase 可能对生物被膜形成有影响[87]。

酿脓链球菌（*Streptococcus pyogenes*）的 5′-nucleotidase 可促进宿主的免疫逃逸。此外，猪链球菌（*Streptococcus porcine*）的 5′-nucleotidase 能够将腺苷一磷酸（AMP）转化为腺苷，既是表面蛋白也是重要

的毒力因子，通过 5′-nucleotidase 合成腺苷来抑制中性粒细胞的防御功能，降低人体血液中的氧化活性并抑制中性粒细胞脱粒，从而在体外抑制中性粒细胞的功能[88,89]。金黄色葡萄球菌分泌的 5′-nucleotidase 也能将 AMP 转化为腺苷，有助于金黄色葡萄球菌逃避宿主的吞噬清除，在体内形成器官脓肿[90]。此外，金黄色葡萄球菌 5′-nucleotidase 也能将脱氧腺苷一磷酸（dAMP）转化为 2′-脱氧腺苷（dAdo），引发 Caspase-3 介导的人巨噬细胞死亡[71]。因此，研究 5′-nucleotidase 的功能特征有助于理解细菌感染的分子机制。

1.4 目的与意义

鼠伤寒沙门菌的致病性主要依赖于各种毒力因子。鼠伤寒沙门菌的几种毒力因子已得到鉴定，但关于鼠伤寒沙门菌胞外核酸酶的研究未见报道。研究显示，胞外蛋白中核酸酶活性的存在可能帮助鼠伤寒沙门菌进入非吞噬细胞或者在吞噬细胞中存活和增殖[61]。5′-nucleotidase 是一种特异性磷酸水解酶，广泛分布在各种生物中，如动物组织、植物细胞和细菌等，可催化核苷酸分子中磷酸链水解。5′-nucleotidase 的功能也是多种多样的，在细胞生长发育、运动、提高表皮屏障功能、纤维蛋白合成、神经传递及淋巴细胞黏附等方面具有重要作用[91]。对于原核生物来说，5′-nucleotidase 是重要的毒力因子，病原菌通过 5′-nucleotidase 合成脱氧腺苷和腺苷以抑制宿主免疫反应，有助于逃避中性粒细胞的捕杀，从而促进感染菌的扩散[89]。

因此，本研究以鼠伤寒沙门菌 SL1344 株为研究对象，以核酸酶基因 5′-*nucleotidase* 为目的基因，通过克隆 5′-*nucleotidase* 基因，对其进行生物信息学分析，构建 5′-*nucleotidase* 基因原核表达系统，诱导表达、纯化，得到重组 5′-nucleotidase 蛋白，再对其核酸酶活性进行检测。同时采用同源重组技术构建鼠伤寒沙门菌 5′-*nucleotidase* 基因缺失菌株，并构建回复菌株，对其生物学特性进行初步的比较研究，为进一步探究 5′-nucleotidase 在鼠伤寒沙门菌感染中的作用奠定基础。

第 2 章

鼠伤寒沙门菌胞外分泌蛋白核酸酶活性的鉴定

鼠伤寒沙门菌感染的感染率和发病率居沙门菌感染的首位，严重危害人类的健康安全。核酸酶在各种微生物中广泛存在，主要参与机体的营养代谢，遗传物质的复制、重组和修复以及微生物感染、免疫等相关过程。已有研究证明多种病原体可分泌核酸酶，是细菌的重要毒力因子，有利于感染菌的扩散，而对于鼠伤寒沙门菌分泌的胞外蛋白是否具有核酸酶活性仍不清楚。

在本实验中，通过离心法收集鼠伤寒沙门菌的胞外蛋白，采用琼脂糖凝胶电泳法、琼脂扩散法和琼脂培养法对鼠伤寒沙门菌胞外蛋白的核酸酶活性进行鉴定，再利用琼脂糖凝胶电泳法探究温度、pH 和金属离子对胞外蛋白核酸酶活性的影响，采用 SDS-PAGE 核酸酶酶谱和 LC-ESI/MS/MS 技术证实鼠伤寒沙门菌胞外蛋白存在活性核酸酶条带，为进一步探究鼠伤寒沙门菌胞外蛋白的生理功能奠定基础。

2.1 材料

2.1.1 菌株

鼠伤寒沙门菌 SL1344 标准强毒株由南京农业大学惠赠，河南科技大学动物疫病与公共卫生重点实验室保存。

2.1.2 主要试剂和培养基

本试验所用试剂及培养基见表 2-1。

表 2-1 试剂及培养基

试剂及培养基	厂商
胰蛋白胨、酵母提取物	OXOID 公司
λDNA	BBI 生命科学有限公司
DNase Ⅰ	BBI 生命科学有限公司
Agarose	广州赛国生物科技有限公司
核酸染料	北京索莱宝科技有限公司
SDS-PAGE 凝胶制备试剂盒	北京索莱宝科技有限公司

2.1.3 主要试剂和培养基的配制

LB 液体培养基：胰蛋白胨 1.0g，NaCl 1.0g，酵母提取物 0.5g，加 100mL 蒸馏水，搅拌混匀，用

NaOH 调节 pH 至 7.0，121℃高压灭菌 30min，4℃保存备用。

考马斯亮蓝染色液：考马斯亮蓝 R-250 1.0g，异丙醇 250mL，冰醋酸 100mL，混匀后加入 ddH_2O 定容至 1L，室温保存备用。

考马斯亮蓝脱色液：量取冰醋酸 100mL，无水乙醇 50mL，混匀后加入 ddH_2O 定容至 1L，室温保存备用。

5×SDS-PAGE 变性上样液：SDS 1.0g，溴酚蓝 0.05g，甘油 5mL，β-巯基乙醇 0.5mL，1mol/L Tris-HCl（pH6.8）2.5mL，混匀后加入 ddH_2O 定容至 10mL，室温保存备用。

5×SDS-PAGE 缓冲液：Tris 碱 15.1g，甘氨酸 94.0g，SDS 5.0g，ddH_2O 定容至 1L，室温保存。

配制储备浓度为 50mmol/L 的 10mL 不同 pH 缓冲液：称取 0.06105g 苯甲酸盐溶解于 8mL 超纯水中。测定并调节 pH 为 4.0，定容至 10mL 后过滤，获得 pH4.0 的苯甲酸盐缓冲液。参照上述方法配制 pH5.0 的醋酸盐缓冲液、pH6.0 的柠檬酸盐缓冲液、pH7.0 的磷酸盐缓冲液、pH8.0 的三羟甲基氨基甲烷缓冲液、pH9.0 的硼酸盐缓冲液和 pH10.0 甘氨酸缓冲液。

配制储备浓度为 100mmol/L 的 10mL 不同金属离子溶液：称取 0.07455g KCl、0.05844g NaCl、0.12984g

$CoCl_2$、0.20823g $BaCl_2$、0.12959g $NiCl_2$、0.111g $CaCl_2$、0.13630g $ZnCl_2$、0.09521g $MgCl_2$ 和0.13445g $CuCl_2$，分别溶解于8mL超纯水中，定容后高压灭菌并4℃储存。获得100mmol/L的 K^+、Na^+、Co^{2+}、Ba^{2+}、Ni^{2+}、Ca^{2+}、Zn^{2+}、Mg^{2+} 和 Cu^{2+} 溶液。

2.1.4 主要仪器设备

本实验所用实验仪器设备见表2-2。

表2-2 实验仪器设备

仪器名称	厂商
高压蒸汽灭菌锅	日本SANYO公司
超低温冰箱	美国NBS公司
电子天平	梅特勒-托利多仪器(上海)有限公司
电泳仪	北京君意东方电泳设备有限公司
电热恒温鼓风干燥箱	上海跃进医疗器械有限公司
pH计	梅特勒-托利多仪器(上海)有限公司
脱色摇床	海门市其林贝尔仪器制造有限公司
凝胶成像分析系统	上海天能科技有限公司

2.2 方法

2.2.1 鼠伤寒沙门菌SL1344株胞外蛋白的收集

将本实验室保存的鼠伤寒沙门菌SL1344株进行活化，挑取单菌落接种于基本培养基中，37℃ 180r/min

过夜培养，12000r/min 离心 1min 收集培养液上清，采用透析袋进行透析得到胞外蛋白，测定蛋白浓度，置于 4℃保存。

2.2.2 琼脂糖凝胶电泳法测定胞外蛋白的核酸酶活性

按下列参数配制鼠伤寒沙门菌 SL1344 株的胞外蛋白切割 DNA 的 20μL 反应体系：50mmol/L Tris 反应液（pH8.0）2μL，λDNA 0.2μg，胞外蛋白终浓度分别为 1μg/mL、2μg/mL、3μg/mL、4μg/mL 和 5 μg/mL，补充 ddH_2O 至总体积为 20μL。将反应体系混匀，37℃反应 1h，产物采用 1.0%琼脂糖凝胶电泳，通过凝胶成像系统观察不同浓度的胞外蛋白降解 λDNA 的程度并拍照。

2.2.3 琼脂扩散法测定胞外蛋白的核酸酶活性

用 50mmol/L Tris 反应液（pH8.0）配制 1.0%琼脂糖，加入 λDNA 作为底物（终浓度为 50μg/mL），再加入核酸染料（终浓度 1μg/mL），加热煮沸溶解后，以 20mL/板的量倒入平皿，待凝固后，用 6mm 的打孔器打孔，去除孔中残留液体。将胞外蛋白加到孔内，分别以 DNase Ⅰ 和基本培养基作为阳性对照和阴性对照，在 37℃反应过夜，于凝胶成像系统下观察孔周围 λDNA 的降解程度并拍照。

2.2.4 琼脂培养法测定胞外蛋白核酸酶活性

用50mmol/L Tris反应液（pH8.0）配制1.0%的琼脂糖，加入λDNA作为底物（终浓度为50μg/mL），再加入核酸染料（终浓度为1μg/mL）。加热煮沸溶解后以每板20mL倾注于平皿中，待凝固后，将过夜培养的鼠伤寒沙门菌SL1344株的菌液稀释涂板，37℃培养24h，凝胶成像系统下观察菌落周围λDNA的降解程度并拍照。

2.2.5 温度对胞外蛋白核酸酶活性的影响

参照2.2.2检测胞外蛋白核酸酶活性的方法，观察4℃、16℃、25℃、30℃、37℃、42℃、50℃和60℃下对胞外蛋白核酸酶活性的影响。同时，将胞外蛋白经55℃、65℃、70℃、75℃和80℃处理30min，然后按照同样方法观察胞外蛋白核酸酶活性的热稳定性。

2.2.6 pH对胞外蛋白核酸酶活性的影响

参照2.2.2检测胞外蛋白核酸酶活性的方法，通过改变反应体系的pH，同时保持其他参数不变，研究pH对胞外蛋白核酸酶活性的影响：Benzoate缓冲液（pH4.0）、Acetate缓冲液（pH5.0）、Citrate缓冲液（pH6.0）、Phosphate缓冲液（pH7.0）、Tris缓冲液

(pH8.0)、Borate 缓冲液(pH9.0)、Glycine 缓冲液(pH10.0)。

2.2.7 金属阳离子对胞外蛋白核酸酶活性的影响

参照 2.2.2 检测胞外蛋白核酸酶活性的方法，通过添加不同浓度(0.01mmol/L、0.1mmol/L、0.5mmol/L、1mmol/L 和 5mmol/L)的 Na^{+}、K^{+}、Ca^{2+}、Ba^{2+}、Co^{2+}、Cu^{2+}、Mg^{2+}、Ni^{2+}、Fe^{3+} 和 Mn^{4+} 等金属阳离子，同时保持其他参数不变，探究不同浓度的金属阳离子对胞外蛋白核酸酶活性的影响。

2.2.8 胞外蛋白活性核酸酶的 SDS-PAGE 酶谱和 LC-ESI/MS/MS 分析

核酸酶的 SDS-PAGE 酶谱分析与普通蛋白的 SDS-PAGE 相似，差别在于 SDS-PAGE 酶谱的凝胶中加入适量 λDNA 作为底物，蛋白样品不加热变性，且采用非变性上样缓冲液(不含 β-巯基乙醇)。具体操作步骤如下：先将 λDNA 配制成 5mg/mL 的储备液，按表 2-3 所示配方配制含有 λDNA 底物的分离胶和浓缩胶(表 2-3)。将收集的鼠伤寒沙门菌 SL1344 株的胞外蛋白与非变性上样缓冲液按 4∶1 的比例混合，置于 37℃孵育 15min，上样后在 4℃条件下进行恒流电泳，浓缩胶 10mA，分离胶 20mA。电泳结束后，去除浓缩胶，将分离胶用预冷的

ddH_2O 洗涤 2 次，每次 5min，预冷的复性液孵育 4 次，每次 30min，再用 ddH_2O 洗涤 2 次，每次 5min，最后转移至反应液中，37℃反应 2d，加入含有核酸染料的缓冲液反应 10min，在凝胶成像系统下观察 λDNA 的降解情况并拍照，然后用考马斯亮蓝 R-250 染色。从 SDS-PAGE 酶谱凝胶中切下具有核酸酶活性的条带，储存在超纯水中，送至 Hoogen Biotech Co. Ltd（中国上海）进行 LC-ESI/MS/MS 分析。LC-ESI/MS/MS 数据使用 Mascot 2.2 软件搜索 UniProt 数据库。

表 2-3 SDS-PAGE 酶谱分析聚丙烯酰胺凝胶电泳凝胶的配方

试剂	12%分离胶	5%浓缩胶
ddH_2O	3.88mL	3.13mL
30%聚丙烯酰胺储存液	4.17mL	1.0mL
1.5mol/L Tris-HCl(pH8.8)	2.5mL	—
1mol/L Tris-HCl(pH 6.8)	—	750μL
10% SDS	100μL	50 μL
5mg/mL λDNA	200μL	—
10%过硫酸铵	50μL	60μL
TEMED	3.3μL	6.0μL

2.3 结果

2.3.1 琼脂糖凝胶电泳法测定胞外蛋白的核酸酶活性

通过将 1μg/mL、2μg/mL、3μg/mL、4μg/mL 和

5μg/mL 的胞外蛋白与 0.2μg 的 λDNA 混合，在 37℃温育反应 1h，经琼脂糖凝胶电泳观察核酸酶活性，且以 λDNA、DNase Ⅰ＋λDNA 为对照，经 1.0%琼脂糖凝胶电泳，可观察到 λDNA 被降解，从而证实胞外蛋白具有核酸酶活性，且与 DNase Ⅰ 相似。同时降解 λDNA 的能力随着剂量的增加而增强，表现出剂量依赖性，当胞外蛋白浓度达到 5μg/mL 时几乎所有的 λDNA 被降解（图 2-1）。

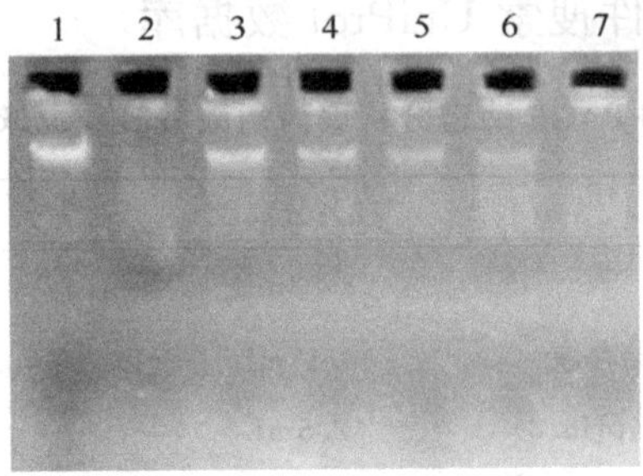

图 2-1　琼脂糖凝胶电泳法测定胞外蛋白的核酸酶活性

1—λDNA；2—DNase Ⅰ＋λDNA 对照；3～7—1μg/mL、2μg/mL、3μg/mL、4μg/mL 和 5μg/mL 胞外蛋白

2.3.2　琼脂扩散法测定胞外蛋白的核酸酶活性

通过将胞外蛋白加到以 50μg/mL λDNA 作为底物且包含 1μg/mL 核酸染料的琼脂平板孔中，在 37℃反应 24h 后进行核酸酶活性测定，且以 DNase Ⅰ、基本培养基为对照。结果显示胞外蛋白周围出现黑色环，表明

当用胞外蛋白处理时 λDNA 被降解，但降解能力没有 DNase Ⅰ强（图 2-2）。

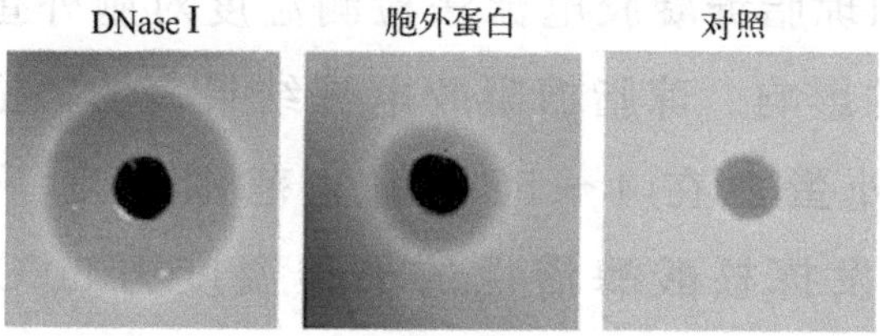

图 2-2　琼脂扩散法测定胞外蛋白的核酸酶活性

2.3.3　琼脂培养法测定胞外蛋白的核酸酶活性

将培养过夜的鼠伤寒沙门菌 SL1344 株的菌液稀释至适当浓度，均匀涂布在含有 λDNA 底物和核酸染料的琼脂平板上，37℃培养 24h 后，在凝胶成像系统下观察到菌落周围出现黑色的 λDNA 降解区域，说明鼠伤寒沙门菌分泌的蛋白能使 λDNA 降解，表现出核酸酶活性（图 2-3）。

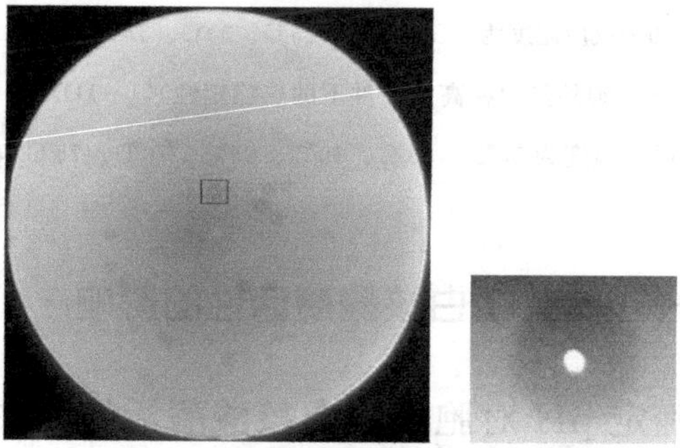

图 2-3　琼脂培养法测定胞外蛋白的核酸酶活性

2.3.4 温度对胞外蛋白核酸酶活性的影响

利用琼脂糖凝胶电泳法检测温度对胞外蛋白核酸酶活性的影响。琼脂糖凝胶电泳结果表明，鼠伤寒沙门菌胞外蛋白在 4～50℃的宽范围温度下可降解 λDNA，发挥核酸酶活性的最佳温度为 50℃（图 2-4A）。同时，将胞外蛋白在 50℃、55℃、60℃、65℃、70℃、75℃和 80℃下温育以确定热稳定性。结果显示，当经受 60℃或更高温度下时，胞外蛋白被灭活（图 2-4B）。

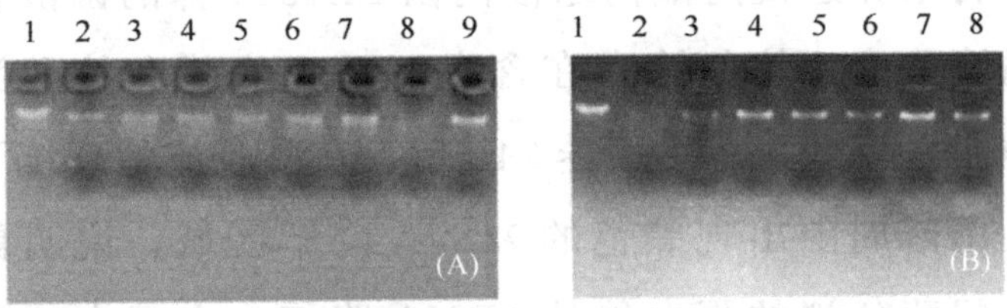

图 2-4 温度对胞外蛋白核酸酶活性的影响

（A）不同温度下测定胞外蛋白的核酸酶活性

（1—λDNA；2～9—反应温度为 4℃、16℃、25℃、30℃、37℃、42℃、50℃、60℃）；

（B）胞外蛋白在高温条件下的热稳定性（1—λDNA；

2～8—反应温度为 50℃、55℃、60℃、65℃、70℃、75℃和 80℃）

2.3.5 pH 对胞外蛋白核酸酶活性的影响

为了确定 pH 对胞外蛋白核酸酶活性的影响，测定了胞外蛋白在 pH4.0～10.0 范围内的核酸酶活性。发现在pH7.0～10.0的宽pH范围内，鼠伤寒沙门菌的胞外蛋白都能降解λDNA，具有核酸酶活性，且最适的pH为8.0。在pH4.0、pH5.0和pH6.0的酸性条件下胞外蛋白失去核酸酶活性，但在碱性条件（pH10.0）下仍然存在较低的活性（图2-5）。

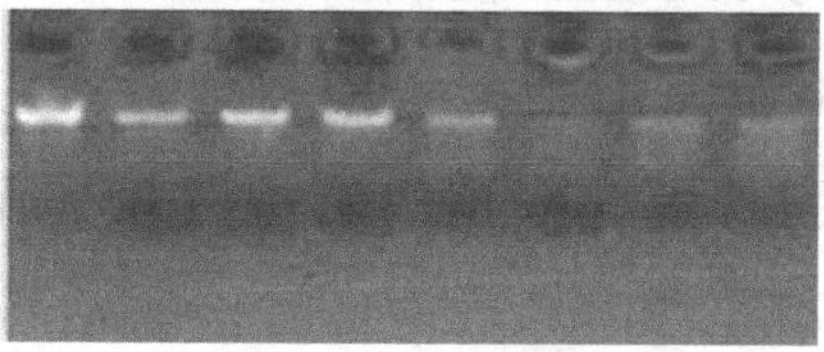

图2-5 pH对胞外蛋白核酸酶活性的影响

1—λDNA；2～8—核酸酶活性检测分别在pH4.0、pH5.0、pH6.0、pH7.0、pH8.0、pH9.0和pH10.0下进行

2.3.6 金属离子对胞外蛋白核酸酶活性的影响

为了测定鼠伤寒沙门菌胞外蛋白的核酸酶活性，反应在不同浓度（0.01mmol/L、0.1mmol/L、0.5mmol/L、1mmol/L和5mmol/L）的Na^{+}、K^{+}、Ba^{2+}、Ca^{2+}、Co^{2+}、Cu^{2+}、Mg^{2+}、Ni^{2+}、Fe^{3+}和Mn^{4+}存在下进行。结果显示，金属阳离子对胞外蛋白的核酸酶活性表现出不同的刺激作用（图2-6）。除了低浓度（0.01mmol/L）Na^{+}没有造成影响外，其他浓度的Na^{+}对胞外蛋白的核酸酶活性均表现出同样的抑制作

用；而除了添加中间浓度（0.5mmol/L）的 K^+ 时核酸酶活性略微增加外，其他浓度的 K^+ 基本不影响酶活性；在 Ba^{2+} 存在下，除了 0.1mmol/L 外，在其他浓度作用下胞外蛋白的核酸酶活性都增加；向反应体系中添加不同浓度的 Ca^{2+} 对核酸酶活性基本上没有影响，当浓度为 0.1mmol/L 和 0.5mmol/L 时，胞外蛋白的酶活性略微有所增强；同样地，反应体系中加入 Co^{2+} 时，对胞外蛋白的核酸酶活性几乎无影响，当浓度为 0.5mmol/L 和 5mmol/L 时，酶活性略微有所增强；此外，低浓度（0.01mmol/L）和高浓度（5mmol/L）Cu^{2+} 对核酸酶活性都无影响，而加入适量中间浓度的 Cu^{2+} 则造成核酸酶活性减弱；随着 Mg^{2+} 浓度的增加，胞外蛋白核酸酶活性逐渐增强，说明 Mg^{2+} 能增加核酸酶活性；低浓度的 Ni^{2+} 可增加核酸酶活性，而高浓度则无影响；随着 Fe^{3+} 浓度的增加，胞外蛋白的核酸酶活性在低浓度时受到轻微抑制，当达到 1mmol/L 和 5mmol/L 时，细胞外蛋白的核酸酶活性明显增加。与 Fe^{3+} 的变化趋势相似，随着 Mn^{4+} 浓度的增加，胞外蛋白的核酸酶活性先被抑制后又提高。总之，在 Ba^{2+}、Mg^{2+}、Fe^{3+} 和 Mn^{4+} 的高离子强度存在下，观察到对胞外蛋白的核酸酶活性存在明显增加作用。

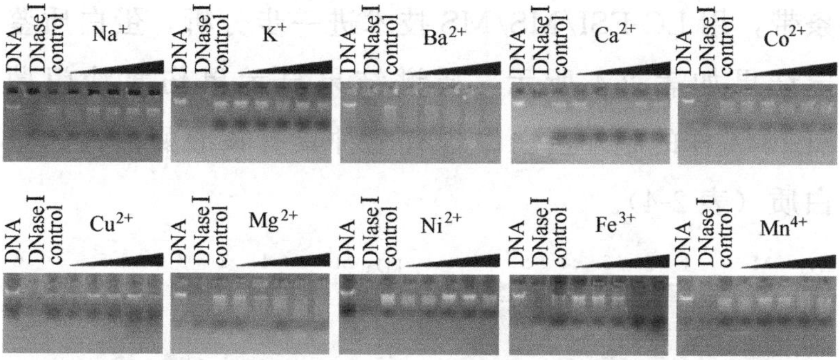

图 2-6　金属阳离子对胞外蛋白核酸酶活性的影响

2.3.7　胞外蛋白活性核酸酶的 SDS-PAGE 酶谱和 LC-ESI/MS/MS 分析

将 λDNA 作为底物应用于 SDS-PAGE 酶谱以分析胞外蛋白的核酸酶活性。将鼠伤寒沙门菌 SL1344 株的胞外蛋白在添加终浓度为 50μg/mL λDNA 的 SDS-PAGE 凝胶中进行垂直电泳，经 Triton X-100 溶液复性，再加入适量 50mmol/L Tris 反应液（pH8.0）温育反应，用适量核酸染料染色后在凝胶成像系统下观察，胶内 λDNA 降解区域呈黑色。核酸酶 SDS-PAGE 酶谱分析结果如图 2-7 所示，DNase Ⅰ 阳性标准品可明显降解胶内的 λDNA。同样地，鼠伤寒沙门菌胞外蛋白在分子质量 26～72ku 之间存在四条活性核酸酶条带，且 DNase Ⅰ 标准品的核酸酶活性明显强于胞外蛋白。从 SDS-PAGE 凝胶上切下具有核酸酶活性的相关蛋白质条带，用LC-ESI/MS/MS技术进一步分析，蛋白质鉴定结果如表2-4所示。质谱结果显示鼠伤寒沙门菌SL1344株的胞外蛋白中含有七种具有核酸酶活性的蛋白质（表2-4）。

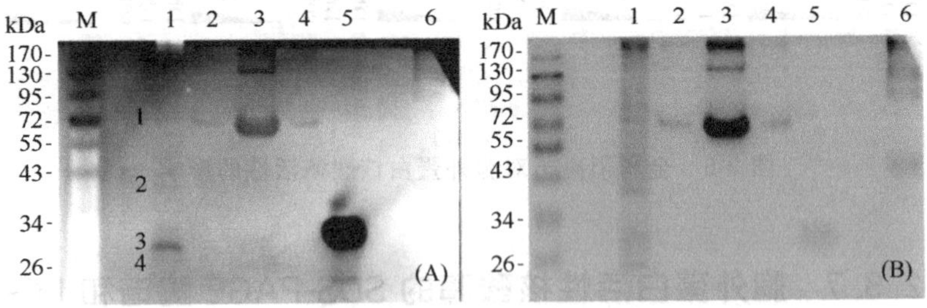

图2-7　胞外蛋白的SDS-PAGE酶谱分析

（A）在紫外光下SDS-PAGE酶谱图；（B）考马斯亮蓝R-250染色的凝胶图

M—蛋白质分子质量标准；1—鼠伤寒沙门菌的胞外蛋白；

2～4—2μg、20μg、2μg鼠伤寒沙门菌的重组5′-nucleotidase蛋白；

5—DNaseⅠ阳性对照；6—BSA阴性对照

表2-4　鼠伤寒沙门菌胞外核酸酶的LC-ESI/MS/MS分析

编号	蛋白名称	理论p*I*/MW	覆盖率/%	锚定肽数量
1	双功能UDP-糖水解酶/周质5′-核苷酸酶	5.8/60437.92	1.45	1
2	促进重组的核酸内切酸pSLT051	6.01/35321	10.86	3
	双功能UDP-糖水解酶/5′-核苷酸酶	5.82/49165.41	1.79	1
3	双功能UDP-糖水解酶/周质5′-核苷酸酶	5.8/60437.92	1.45	1
4	嘌呤核苷磷酸酶(DeoD型)	5.56/25977.68	24.47	6
	磷酸转移酶Ⅱ型酶C组分	4.89/27492.34	7.14	1
	双功能UDP-糖水解酶/周质5′-核苷酸酶	5.8/60556.1	1.45	1

2.4 讨论

细菌分泌的胞外蛋白是多功能蛋白质，在细菌和人类宿主之间的相互作用过程中发挥重要作用，如黏附、侵袭、复制和逃避[92]。胞外蛋白包括多种酶，如蛋白酶、脂肪酶、胶原酶、透明质酸酶、几丁质酶和核酸酶，其中某些已被证明具有毒力作用。虽然近年来鼠伤寒沙门菌的几种毒力因子已被鉴定，但其蛋白质的酶学特性还未见报道，且胞外蛋白中核酸酶活性的存在可能有助于鼠伤寒沙门菌进入非吞噬细胞或在吞噬细胞中存活和增殖[61]。目前尚未有报道证实鼠伤寒沙门菌可产生特异性胞外核酸酶，在本研究中，首次证明了鼠伤寒沙门菌的胞外蛋白具有核酸酶活性。

迄今为止，已经发现的核酸酶种类繁多，包括 GIY-YIG、PD-(D/E) XK、H 样和 PIN 样 RNase 等，构成了大量的核酸酶超家族[44]。本研究通过琼脂糖凝胶电泳法、琼脂扩散法和琼脂培养法确定了鼠伤寒沙门菌 SL1344 株的胞外蛋白具有核酸酶活性，且存在剂量依赖性，但活性没有 DNase Ⅰ 标准品强，这与我们前期研究发现的鼠伤寒沙门菌虽然可刺激巨噬细胞释放胞外诱捕网，但激发产生的胞外诱捕网程度并没有其他病原微生物激发得强烈这一结果相吻合，说明鼠伤寒沙门菌可能通过分泌核酸酶降解 NETs 的 DNA 骨架，逃避胞外诱捕网的捕杀。各种环境因素，例如温度、pH 和金属离子的存在，对核酸酶的活性都具有重要的影响[93]。因此进一步采用琼脂糖凝胶电泳法测定温度、pH、金属阳离子对鼠伤寒沙门菌胞外分泌蛋白核酸酶活性的影响。通常，微生物产生的核酸酶可以耐受较宽范围的 pH（pH6～10，最佳 pH 为 8.0～8.5）和温度（最佳温度 35～44℃）[94]。本研究结果显示鼠伤寒沙门菌 SL1344 株的胞外蛋白在 4～50℃ 均存在核酸酶活性，当温度为 50℃ 时活性最佳，而其他核酸酶如 TREX1、FLAP 核酸内切酶Ⅰ（FEN Ⅰ）和 DNaseⅠ的最佳活性温度是 37℃。胞外蛋白在 pH7.0～10.0 的宽 pH 范围内都具有核酸酶活性，最佳 pH 为 8.0，表明鼠伤寒沙门菌胞外蛋白可能是碱性核酸酶。大多数非特异性核酸酶如 TREX1 和 FEN1 也在 pH 7.5～8.0 时活性最高。

研究发现金属离子对核酸酶具有双重作用：既能增强底物对序列或结构特异性酶的亲和力，也能直接参与磷酸氧键断裂的催化作用。一般来说，大多数酶至少需要 Ca^{2+} 和 Mg^{2+} 用于活化。为了检测金属离子对胞外蛋白核酸酶活性的影响，向反应中添加 Na^{+}、K^{+}、Ba^{2+}、Ca^{2+}、Co^{2+}、Cu^{2+}、Mg^{2+}、Ni^{2+}、Fe^{3+} 和 Mn^{4+} 等金属阳离子进行测定。发现 Mg^{2+}、Mn^{4+}、

Fe^{3+} 和 Ba^{2+} 可刺激核酸酶活性，而且除了催化作用外还具有稳定酶结构的作用，其中对核酸酶影响最大的金属离子就是 Mg^{2+}，这可能由于 Mg^{2+} 的丰富性、溶解性、氧化还原稳定性等缘故，然而 Na^{+}、K^{+}、Cu^{2+} 对胞外蛋白的核酸酶活性没有造成影响。虽然大部分核酸酶都需要金属阳离子，且更依赖于二价金属阳离子[95]，但某些金属阳离子的存在并不能促进鼠伤寒沙门菌胞外蛋白的核酸酶活性，事实上随着 Co^{2+} 和 Ni^{2+} 浓度的增加反而抑制核酸酶活性。此外 Ca^{2+} 信号参与了 ROS 产生并且可以激活 PKC 通路，而二者都是 NETs 形成的关键因素。研究证明 NETs 的形成需要 Ca^{2+} 信号的参与，但 Ca^{2+} 对鼠伤寒沙门菌的胞外蛋白核酸酶活性没有影响[96]。总体而言，在 Ba^{2+}、Mg^{2+}、Fe^{3+} 和 Mn^{4+} 的高强度存在下，明显促进了胞外蛋白的核酸酶活性。

酶谱法是一种研究水解酶的强大技术，它是基于底物降解且广泛应用于各种生物水解酶的技术，如蛋白质和多肽、脂质、低聚糖和多糖以及核酸。SDS-PAGE 酶谱是一种特异性检测活性的方法，可根据酶的形式将它们的分子量可视化[94,97]。凝胶酶谱法已被广泛应用于各种生物体 DNA 酶的检测、分析和表征。在本研究中，将胞外蛋白用含有 λDNA 底物的 SDS-PAGE 凝胶进行垂直电泳，从而筛选鼠伤寒沙门菌胞外蛋白中具有核酸酶活性的蛋白质。通过紫外光发现在凝胶的白色背景中胞外蛋白存在四条黑色的 λDNA 降解带，且 DNase Ⅰ标准品的核酸酶活性明显强于胞外蛋白，再采用 LC-ESI/MS/MS 技术进一步鉴定出七种蛋白质。

在本研究中，首次证实了鼠伤寒沙门菌 SL1344 株的胞外蛋白具出核酸酶活性，但需要进一步研究确定鼠伤寒沙门菌 SL1344 株的胞外蛋白是否有助于逃避 NETs 的捕获和杀死，这可能有助于探究核酸酶在感染中的作用。

2.5 小结

证实了鼠伤寒沙门菌 SL1344 株的胞外蛋白具有核酸酶活性，且存在剂量依赖性，最适温度和 pH 分别为 50℃和 8.0。其核酸酶活性不受 Na^{+}、K^{+}、Ca^{2+}、Cu^{2+} 的影响，随着 Ba^{2+}、Mg^{2+}、Fe^{3+} 和 Mn^{4+} 浓度的增加核酸酶活性增强，而高浓度的 Co^{2+} 和 Ni^{2+} 对核酸酶活性有抑制作用。此外，SDS-PAGE 酶谱分析结果显示存在四条活性核酸酶条带，采用 LC-ESI/MS/MS 技术进一步鉴定了七种蛋白质。

第3章

鼠伤寒沙门菌 5'-*nucleotidase* 基因的原核表达及活性分析

鼠伤寒沙门菌是一种重要的人兽共患病原菌，对公众健康和食品安全造成严重的威胁[98]。作为食源性疾病，沙门菌病主要是由于摄入被污染的食物或水以及与感染者或携带者的亲密接触而引起。沙门菌是一种细胞内病原体，可以在各种细胞中存活和复制，一旦沙门菌穿过肠道屏障，就可通过免疫细胞循环传播到各个系统，造成全身性疾病。5′-nucleotidase 是一种特殊的核酸酶，能特异地催化某些核苷酸分子 5′-C 端的磷酸盐酯化水解，在不同的细胞位置以不同的形式存在，它的产生有利于感染菌的扩散，因此研究 5′-nucleotidase 的功能特点有助于理解细菌感染的分子机制。

在本研究中，选取核酸酶基因 5′-*nucleotidase* 作为目的基因，进行克隆和生物信息学分析，构建原核表达系统 pET-32a-5′-*nucleotidase*，对其进行诱导、表达、纯化获得重组 5′-nucleotidase 蛋白，再进行 SDS-PAGE、Western-blot 以及核酸酶活性检测，为进一步研究 5′-*nucleotidase* 基因的功能及其在鼠伤寒沙门菌感染中的作用奠定基础。

3.1 材料

3.1.1 菌株和质粒

本试验所用的菌株和质粒如表 3-1 所示。

表 3-1 菌株和质粒

菌株和质粒	来源
鼠伤寒沙门菌标准强毒株 SL1344	南京农业大学惠赠，本实验室保存
克隆载体 pMD18-T	宝生物工程（大连）有限公司
表达载体 pET-32a	本实验室保存
大肠杆菌 DH5α	本实验室保存
表达宿主菌 Rosetta	本实验室保存
Rosetta(DE3)(pET-32a-5′-*nucleotidase*)	本实验室保存

3.1.2 主要试剂和培养基

本试验所用的主要试剂和培养基如表 3-2 所示。

表 3-2 试剂及培养基

试剂及培养基	厂商
质粒小量提取试剂盒	美国 Axygen 公司
Taq DNA 聚合酶、dNTPs	宝生物工程（大连）有限公司
*Bam*HⅠ、*Xho*Ⅰ	宝生物工程（大连）有限公司

续表

试剂及培养基	厂商
DNA 凝胶回收试剂盒	美国 Axygen 公司
蛋白质分子质量标准	生工生物工程(上海)有限公司
T4 DNA 连接酶、DNA Marker	宝生物工程(大连)有限公司
蛋白纯化试剂盒	生工生物工程(上海)有限公司
PVDF 膜、小鼠 His 单抗	生工生物工程(上海)有限公司
HRP 标记的山羊抗小鼠 IgG	生工生物工程(上海)有限公司
BCA 蛋白浓度测定试剂盒	生工生物工程(上海)有限公司
ECL 发光试剂盒	碧云天生物技术有限公司
DMSO、λDNA、Amp	德国 Sigma 公司
λDNA	BBI 生命科学有限公司
DNase Ⅰ	BBI 生命科学有限公司
Agarose	广州赛国生物科技有限公司
核酸染料	北京索莱宝科技有限公司
IPTG	北京索莱宝科技有限公司
SDS-PAGE 凝胶制备试剂盒	北京索莱宝科技有限公司

3.1.3 主要试剂和培养基的配制

Amp 储存液（100mg/mL）：称取 1.0g 氨苄青霉素固体粉末，加入 10mL ddH_2O 溶解，用 0.22μm 的无菌滤器过滤除菌，分装后置于－20℃保存备用。

LB 液体培养基：胰蛋白胨 1.0g，NaCl 1.0g，酵母 0.5g，加 100mL 蒸馏水，搅拌混匀，用 NaOH 调节 pH 至 7.0，121℃高压灭菌 30min，4℃保存备用。

LB+ A 培养基：100mL LB 培养基加 100μL Amp 储存液。

1M IPTG 储存液：称取 IPTG 粉末 2.383g，溶于 10mL 的 ddH_2O 中，混匀后用 0.22μm 的无菌滤器过滤除菌，分装后置于−20℃保存。

考马斯亮蓝染色液：考马斯亮蓝 R-250 1.0g，异丙醇 250mL，冰醋酸 100mL，混匀后加入 ddH_2O 定容至 1L，室温保存备用。

考马斯亮蓝脱色液：量取冰醋酸 100mL，无水乙醇 50mL，混匀后加入 ddH_2O 定容至 1L，室温保存备用。

5×SDS-PAGE 变性上样液：SDS 1.0g，溴酚蓝 0.05g，甘油 5mL，β-巯基乙醇 0.5mL，1mol/L Tris-HCl（pH6.8）2.5mL，混匀后加入 ddH_2O 定容至 10mL，室温保存备用。

5×SDS-PAGE 缓冲液：Tris 碱 15.1g，甘氨酸 94.0g，SDS 5.0g，ddH_2O 定容至 1L，室温保存。

0.1mol/L $CaCl_2$：$CaCl_2$ 11.1g 溶于 ddH_2O，定容至 1000mL，过滤除菌，121℃高压灭菌 30min，4℃保存备用。

TBST 缓冲液：称取 Tris 碱 12.1g，氯化钠 9.0g，加适量 ddH_2O 溶解后，调节 pH 至 7.5，加入 1mL Tween-20，定容至 1L，混匀，4℃保存备用。

转膜缓冲液：甘氨酸2.9g，Tris碱5.8g，SDS 0.37g，加600mL的ddH_2O溶解，再加入200mL甲醇混匀，定容至1L，室温保存备用。

封闭液：称取脱脂奶粉0.5g，加入10mL TBST缓冲液溶解混匀，4℃储存备用。

配制储备浓度为50mmol/L的10mL不同pH缓冲液：称取0.06105g苯甲酸盐溶解于8mL超纯水中。测定并调节pH为4.0，定容至10mL后过滤，获得pH4.0的苯甲酸盐缓冲液。参照上述方法配制pH5.0的醋酸盐缓冲液、pH6.0的柠檬酸盐缓冲液、pH7.0的磷酸盐缓冲液、pH8.0的三羟甲基氨基甲烷缓冲液、pH9.0的硼酸盐缓冲液和pH10.0甘氨酸缓冲液。

配制储备浓度为100mmol/L的10mL不同金属离子溶液：称取0.07455g KCl、0.05844g NaCl、0.12984g $CoCl_2$、0.20823g $BaCl_2$、0.12959g $NiCl_2$、0.111g $CaCl_2$、0.13630g $ZnCl_2$、0.09521g $MgCl_2$和0.13445g $CuCl_2$，分别溶解于8mL超纯水中，定容后高压灭菌并4℃储存。获得100 mmol/L的K^+、Na^+、Co^{2+}、Ba^{2+}、Ni^{2+}、Ca^{2+}、Zn^{2+}、Mg^{2+}和Cu^{2+}溶液。

3.1.4　主要仪器设备

本试验所用实验仪器设备见表3-3。

表 3-3 试验仪器设备

仪器名称	厂商
超声波细胞粉碎仪	宁波新芝生物科技股份有限公司
PCR 仪	美国 Bio-rad 公司
高压蒸汽灭菌锅	日本 SANYO 公司
超低温冰箱	美国 NBS 公司
化学发光成像系统	以色列 DNR 成像系统有限公司
电子天平	梅特勒-托利多仪器(上海)有限公司
电泳仪	北京君意东方电泳设备有限公司
电热恒温鼓风干燥箱	上海跃进医疗器械有限公司
pH 计	梅特勒-托利多仪器(上海)有限公司
脱色摇床	海门市其林贝尔仪器制造有限公司
凝胶成像分析系统	上海天能科技有限公司

3.2 方法

3.2.1 引物合成

根据 NCBI Genbank 上已公布的鼠伤寒沙门菌 SL1344 株基因组中的 5′-*nucleotidase* 的基因序列（登录号 FQ312003.1），利用 Premier 5.0 设计一对克隆 5′-*nucleotidase* 基因所用的特异性引物。上游引物：5′-GGATCCCGTGACATCACAATTTATTATAC（下划线处为 *Bam*H Ⅰ 酶切位点）；下游引物：CTCGAGTTATTTGCTAATATCATCCACG（下划线处为 *Xho* Ⅰ 酶切位点），引物送至生工生物工程（上海）股

份有限公司合成。

3.2.2 PCR 产物或酶切产物的回收与纯化

按照 DNA 凝胶回收试剂盒说明书回收琼脂糖凝胶中的目的 DNA。

（1）在紫外灯下将琼脂糖凝胶中含有目的条带的凝胶切下来，按 100mg＝100μL 凝胶体积换算。

（2）加入 3 个凝胶体积的溶液 DE-A，70℃水浴加热，直至胶块完全熔化。

（3）加入 1.5 个凝胶体积的溶液 DE-B，来回颠倒混匀，转移至新的 DNA 制备管中，12000r/min 离心 1min，弃去滤液。

（4）加入 500μL 溶液 W1，12000r/min 离心 1min，弃去滤液。

（5）加入 700μL 溶液 W2，12000r/min 离心 1min，弃去滤液，此步骤进行 2 次。

（6）将制备管放在新的收集管中，洗脱液提前在 65℃预热，往膜中央加入 20～30μL 洗脱液，静置 2min，12000r/min 离心 1min，收集的滤液即为回收的目的 DNA。

3.2.3 大肠杆菌感受态的制备

采用 $CaCl_2$ 法制备大肠杆菌 DH5α 和 Rosetta 感受

态细胞，具体操作如下：

（1）将保存的大肠杆菌 DH5α 和 Rosetta 菌株分别接种于 LB 固体培养基上，37℃培养过夜，用接菌环挑取单菌落接种于适量 LB 液体培养基中，37℃ 180r/min 培养过夜。

（2）以 1∶100 转接到 50mL 新鲜培养基中，37℃ 180r/min 培养 3～4h，至菌液 OD_{600nm} 值达到 0.4～0.6。

（3）收集菌液至 50mL 离心管中，冰浴 30min，8000r/min 4℃离心 10min，弃去上清。

（4）分别用 50mL、25mL、12.5mL 预冷的 0.1mol/L $CaCl_2$ 溶液重悬沉淀，8000r/min 4℃离心 10min，弃去上清。

（5）加入 2mL 预冷的 0.1mol/L $CaCl_2$ 配制 20％甘油重悬沉淀，按 100μL/管分装，－80℃保存。

3.2.4 质粒的提取与鉴定

按照美国 Axygen 公司的质粒提取试剂盒说明书提取质粒，具体步骤如下：

（1）用接菌环挑取含有重组质粒的单菌落，接种到适量液体培养基中，37℃ 180r/min 过夜培养，12000r/min 离心 1min 收集菌体，弃去上清。

（2）向沉淀中加入 250μL 含 RNase A 的溶液 S1，重悬沉淀并充分振荡混匀。

（3）加入 250μL 溶液 S2，来回颠倒 6～8 次，充分裂解细菌，注意本步骤不宜超过 5min。

（4）加入 350μL 溶液 S3，来回颠倒充分混合，12000r/min 离心 10min。

（5）吸取上清（注意宁少勿多）到新的制备管中，12000r/min 离心 1min，弃去滤液。

（6）加入 500μL 的溶液 W1，12000r/min 离心 1min，弃去滤液。

（7）加入 700μL 的溶液 W2，12000r/min 离心 1min，弃去滤液，此步骤进行 2 次。

（8）将制备管转移至新的收集管中，加入 60～80μL 的洗脱液，室温静置 2min，12000r/min 离心 2min，收集滤液即为提取的质粒 DNA。

3.2.5 5′-*nucleotidase* 目的基因的扩增

以鼠伤寒沙门菌 SL1344 株的基因组为模板，参照表 3-4 配制 50μL PCR 扩增反应体系（表 3-4）。反应条件如下：95℃，5min；95℃，30s，55℃，30s，72℃，1min 30s，30 个循环；72℃，10min。PCR 反应产物进行 1%琼脂糖凝胶电泳，于凝胶成像系统下观察并拍照，用 DNA 凝胶回收试剂盒回收 5′-*nucleotidase* 基因片段。

表 3-4 PCR 扩增反应体系

试剂	体积/μL
10×PCR Buffer	5.0
dNTP	2.0
上游引物	2.0
下游引物	2.0
模板	2.0
灭菌超纯水	36.0
Taq DNA 聚合酶	1.0
总体积	50.0

3.2.6 pMD18-T-5′-*nucleotidase* 克隆载体的连接与转化

将回收的 5′-*nucleotidase* 基因与 pMD18-T 克隆载体连接，构成 pMD18-T-5′-*nucleotidase* 克隆载体。按如下配制 10μL 连接反应体系：pMD18-T 0.5μL，Ligation Solution Ⅰ 5.0μL，回收的 5′-*nucleotidase* 基因 4.5μL，置于 12～16℃水浴锅连接反应 16h。

将连接产物转化进大肠杆菌 DH5α 感受态细胞中，具体操作如下：在无菌操作台中将连接产物加入制备好的大肠杆菌 DH5α 感受态细胞中，混匀后冰浴 30min，在 42℃热激 90s 后，迅速放入冰水混合物中冰浴 2min，加入 400μL LB 液体培养基，37℃ 180r/min 培养 1～2h，从中取出 100μL 涂布于 LB＋A 固体培养基上，

37℃培养 12～16h。

3.2.7　pMD18-T-5′-*nucleotidase* 克隆载体的鉴定

对上述单菌落进行 PCR 和酶切鉴定。挑取单菌落转接液体培养后，用 5′-*nucleotidase* 基因的上下游引物按照 3.2.5 的方法进行 PCR 鉴定。然后提取质粒用 *Bam*HⅠ和 *Xho*Ⅰ进行酶切鉴定，酶切反应体系配制参照表 3-5，将酶切体系置于 37℃反应 2～4h。利用 1%琼脂糖凝胶电泳观察 PCR 和酶切鉴定结果，将鉴定正确的 PCR 产物送至生工生物工程（上海）股份有限公司测序，利用在线网站 NCBI 的 BLAST 对测序结果进行分析。

表 3-5　酶切反应体系

试剂	体积/μL
10×Buffer	1.0
质粒	8.0
*Bam*HⅠ	0.5
*Xho*Ⅰ	0.5
总体积	10.0

3.2.8　生物信息学分析

从 NCBI 搜集公布的其他物种 5′-*nucleotidase* 基因的核苷酸序列，采用 DNAMAN 6.0.3.48 分析克隆的鼠伤寒沙门菌 SL1344 株的 5′-*nucleotidase* 基因与其他物种 5′-*nucleotidase* 基因的同源性，以及沙门菌属 112 种 5′-nucleotidasc 或 5′-nucleotidase 类似物的核苷酸序列同源性。通过 MEGA5.0 对上述核苷酸序列进行遗传进化树分析。利用 ExPASy 的在线软件 ProtParam 分析蛋白质分子量大小、理论等电点及氨基酸组成。在线网站 http://people.mbi.ucla.edu/sumchan/caltor.html 和 http://biotech.ou.edu/分别用于分析氨基酸的稀有密码子和重组蛋白的可溶性。在线网站 http://web.expasy.org/protscale/用于分析蛋白质的亲水性与疏水性。

利用 NCBI 上的在线网站 http://www.ncbi.nlm.nih.gov/Structure/cdd/wrpsb.cgi 预测保守区域。信号肽、跨膜区、*O*-糖基化位点、磷酸化位点和 N-糖基化位点用在线网站 http://www.cbs.dtu.dk/services/的 SignalP、TMHMM program、NetOGlyc、NetPhos 和 NetNGlyc 程序。蛋白质结构中的二硫键数量可通过在线网站 https://www.predictprotein.org/进行分析。预测蛋白可能存在的线性 B 细胞抗原表位和 T 细胞结合位点则用 http://tools.immuneepitope.org/bcell/和 NetCTL（http://www.cbs.dtu.dk/services/）。对蛋白的二级结构进行预测采用的是在线软件 https://npsa-prabi.ibcp.fr/cgi-bin/npsa_automat.pl?page=/NPSA/npsa_server.html。采用

SWISS-MODEL Workspace 对蛋白的三级结构进行分析。

3.2.9　重组表达载体 pET-32a-5′-*nucleotidase* 的构建及鉴定

用 *Bam*H Ⅰ 和 *Xho* Ⅰ 分别对克隆载体 pMD18-T-5′-*nucleotidase* 和表达载体 pET-32a 进行双酶切。经 1%琼脂糖凝胶电泳后，分别切下含有 5′-*nucleotidase* 基因和表达载体 pET-32a 的凝胶，用 DNA 凝胶回收试剂盒回收，再利用 T4 DNA 连接酶进行连接，构建 pET-32a-5′-*nucleotidase* 重组表达载体，连接体系参照表 3-6 配制，混匀后将连接体系置于 12～16℃下反应 16h。然后参照 3.2.6 的方法将连接产物转化至大肠杆菌 Rosetta 感受态细胞中，37℃培养过夜，挑取单菌落转接液体培养基培养过夜后，按照 3.2.7 的方法采用 PCR、酶切和测序鉴定单克隆阳性菌。

表 3-6　连接反应体系

试剂	体积/μL
10×T4 DNA Ligase Buffer	1.0
T4 DNA Ligase	1.0
载体	3.0
目的基因	5.0
总体积	10.0

3.2.10 重组 5′-nucleotidase 蛋白的诱导表达

（1）挑取鉴定正确的 Rosetta（pET-32a-5′-*nucleotidase*）重组菌，接种于 LB＋A 液体培养基中，37℃ 180r/min 培养过夜，将菌液按 1∶100 的比例转接于 200mL 新鲜 LB＋A 液体培养基中，37℃ 180r/min 培养 2.0～3.0h。

（2）当培养液的 OD_{600nm} 达到 0.6 时，加入 IPTG 诱导剂（终浓度为 1mmol/L），继续 37℃ 180r/min 培养 6h，通过多次 8000r/min 离心 10min，收集菌体至 50mL 离心管中，弃去上清。

（3）加入 PBS 溶液重悬菌体，8000r/min 离心 10min，弃去上清，重复该操作 2 次，用 20 mL 无菌超纯水重悬菌体，混匀后置于冰水混合物中预冷 30min。

（4）利用超声破碎仪 300W 超声破碎菌体（冰上操作），工作 5s，间歇 10s，破碎至菌液澄清透光。注意探头位置，尽量不要产生泡沫，结束后 8000r/min 离心 10min。

（5）将上清液转移到新的离心管中，再向沉淀中加入适量超纯水重悬，4℃保存备用。

3.2.11 重组 5′-nucleotidase 蛋白的纯化

参照镍柱亲和层析蛋白纯化试剂盒说明书纯化蛋

白，具体步骤如下：

（1）将 3.2.10 中的上清液用 0.22μm 一次性滤器过滤，以免堵塞柱子。

（2）加 4mL Binding buffer 平衡柱子，控制流速为 1mL/min，重复 5 次。

（3）缓慢加入需要过滤后的上清液，也可收集流穿液再次过柱，使蛋白和柱子充分结合。

（4）加入 4mL Binding buffer 洗掉杂蛋白，控制流速为 1mL/min，重复 3 次。

（5）加入 4mL Elution Buffer 洗脱目的蛋白，收集流穿液，标记好顺序，重复 3 次，收集的流穿液即为纯化后的蛋白，分装后置于－80℃保存。

（6）依次加入 4mL Elution Buffer 和 Binding Buffer 清洗柱子，最后加入 8～10mL 30％乙醇溶液，置于 4℃保存柱子。

3.2.12　SDS-PAGE 鉴定

（1）先固定好玻璃胶板，确保不漏液后，去除胶板里的残留液体。

（2）按表 3-7 配制 5mL 12％分离胶，混匀后缓慢加到胶板中，加入 1mL 异丁醇压平液面，置于 37℃凝固 1～2h。

（3）待分离胶凝固后，慢慢吸去异丁醇，按表 3-7

配制 1mL 5%浓缩胶，混匀后加入胶板中，插入梳子，注意不要有气泡，置于 37℃凝固 45min。

(4) 装好胶板放入电泳槽中，加入 800mL 1×SDS-PAGE 缓冲液，缓慢拔掉梳子。

(5) 将蛋白样品和 5×SDS-PAGE 变性上样缓冲液以 4∶1 的比例混合均匀，煮沸 8～10min，以 20μL/孔点样。

(6) 电压调至 80V 跑完浓缩胶后，再调至 120V 跑分离胶，直至蓝色条带到达胶板最底端，电泳结束。

(7) 打开胶板取出凝胶置于平皿中，加入适量考马斯亮蓝染色液，染色 1～2h，回收染色液，加入适量考马斯亮蓝脱色液，脱色 30min，弃去脱色液，加入新脱色液，重复 5 次后，加入脱色液反应过夜，取出凝胶，拍照存图。

表 3-7　SDS-PAGE 电泳凝胶配方

试剂	12%分离胶/mL	5%浓缩胶/mL
ddH_2O	1.6	0.68
30%聚丙烯酰胺储存液	2.0	0.17
1.5mol/L Tris-HCl(pH8.8)	1.3	—
1.0mol/L Tris-HCl(pH6.8)	—	0.13
10% SDS	0.05	0.01
10%过硫酸铵	0.05	0.01
TEMED	0.002	0.001

3.2.13　Western-Blot 分析

参照 3.2.12 的方法进行 SDS-PAGE 凝胶电泳，电泳结束后进行 Western-Blot，具体操作步骤如下：

（1）取出凝胶，按照负极、3 层滤纸、凝胶、PVDF 膜、3 层滤纸、正极的顺序装好，注意不要有气泡，放入电泳槽中，加入适量转膜缓冲液。

（2）在 300mA 恒流条件下转膜 1～2h，取出 PVDF 膜加入适量封闭液，4℃反应过夜，用 TBST 洗 5 次，每次 8min。

（3）倒掉 TBST，加入按照 1∶1000 的比例稀释好的一抗，37℃孵育 2h，回收一抗稀释液，TBST 洗 5 次，每次 8min。

（4）倒掉 TBST，加入 1∶1000 的比例稀释的 HRP 标记山羊抗小鼠二抗，37℃孵育 2h，倒掉二抗，TBST 洗 5 次，每次 8min。

（5）用 ECL 发光试剂盒进行曝光。

3.2.14　不同温度对重组 5′-nucleotidase 表达的影响

设置 20℃、30℃和 37℃三个诱导温度，保持 IPTG 浓度为 1mmol/L，诱导时间为 6h 时对表达菌株 Rosetta（pET-32a-5′*NT*）进行诱导表达。随后 4℃离心收集菌体并超声破碎，分别回收上清和沉淀与上样液混匀后 100℃加热 11min。根据试剂盒操作说明制备凝胶，每孔点入 20μL 进行电泳，检测不同诱导温度下 r5′NT 的表达情况。

3.2.15 IPTG 浓度对重组 5′-nucleotidase 诱导表达的影响

设置不同 IPTG 浓度，保持诱导温度为 20℃，诱导时间为 6h 时对表达菌株 Rosetta（pET-32a-5′*NT*）进行诱导表达。IPTG 的终浓度分别为 0.125mmol/L、0.25mmol/L、0.5mmol/L、1mmol/L 和 2mmol/L。将诱导表达后菌液进行 4℃离心后超声破碎并离心，分别收集上清与 SDS 上样缓冲液混合后煮沸 10min。根据试剂盒操作说明制备凝胶，每孔点入 20μL 进行电泳，检测不同 IPTG 浓度诱导下重组 5′-nucleotidase 的表达情况。

3.2.16 诱导时间对重组 5′-nucleotidase 诱导表达的影响

设置不同的诱导时间，保持诱导温度为 20℃，IPTG 浓度为 0.5mmol/L 对表达菌株 Rosetta（pET-32a-5′*NT*）进行诱导表达。诱导时间分别为 4h、5h、6h、7h 和 8h。将诱导表达后的菌液进行 4℃离心后超声破碎并离心，分别收集上清与 SDS 上样缓冲液，混合后煮沸 10min。按照 3.2.12 中方法进行电泳。

3.2.17　重组 5′-nucleotidase 的核酸酶活性检测

琼脂糖凝胶电泳法和琼脂扩散法用以检测纯化后收集到的重组 5′-nucleotidase 活性。准备 4μg/mL 的重组蛋白、0.1mg/mL 的 λDNA 和 45U/μL 的 DNase Ⅰ。首先采用琼脂糖凝胶电泳法检测，λDNA 阴性对照组：pH7.0 缓冲液 5μL、λDNA 1μL 和 ddH_2O 14μL。DNase Ⅰ阳性对照组：DNase Ⅰ 9 μL、pH7.0 磷酸盐缓冲液 5μL、λDNA 1μL 和 ddH_2O 5μL。热处理重组 5′-nucleotidase 组：热处理重组 5′-nucleotidase 9μL，λDNA 1μL，pH7.0 缓冲液 5μL 和 ddH_2O 5μL。重组 5′-nucleotidase 处理组：重组 5′-nucleotidase 9μL，λDNA 1μL，pH7.0 缓冲液 5μL 和 ddH_2O 5μL。混匀后在 37℃条件下作用 25min，经 0.8%琼脂糖凝胶电泳观察结果。随后采用琼脂扩散法检测，用 pH7.0 的磷酸盐缓冲液配制 0.8%琼脂糖，底物为 50μg/mL 的 λDNA，再加入终浓度 1μg/mL 的核酸染料，加热溶解后，缓慢倒入平皿静置凝固后用无菌打孔器打出直径一致的小孔。小孔中分别加入 DNase Ⅰ、重组 5′-nucleotidase 和基本培养基，置于 37℃恒温培养箱反应过夜，重组 5′-nucleotidase 对 λDNA 的降解情况采用凝胶成像系统观察，根据降解情况确定重组 5′-nucleotidase 核酸酶活性。

3.2.18 不同浓度对重组 5′-nucleotidase 的核酸酶活性的影响

分别设置浓度为 1μg/mL、2μg/mL、3μg/mL、4μg/mL、5μg/mL 的重组 5′-nucleotidase 为实验组，λDNA 和 DNase Ⅰ 为对照组。在 pH7.0、反应温度为 37℃条件下孵育 25min，利用 0.8% 琼脂糖电泳观察结果。

3.2.19 不同温度对重组 5′-nucleotidase 的核酸酶活性的影响

设置温度分别为 16℃、25℃、30℃、37℃、42℃、50℃和 60℃，以 λDNA 和 DNase Ⅰ 作为对照组，保持 pH7.0，利用 0.8% 琼脂糖电泳观察，检测重组 5′-nucleotidase 在不同温度条件下的核酸酶活性。

3.2.20 重组 5′-nucleotidase 的热稳定性检测

设置温度为 65℃、70℃、75℃、80℃，以 λDNA 和 DNase Ⅰ 作为对照组，保持 pH7.0，利用 0.8% 琼脂糖电泳观察，检测重组 5′-nucleotidase 核酸酶活性对温度的耐受性。

3.2.21 pH对重组5′-nucleotidase的核酸酶活性的影响

设置反应pH分别为4.0、5.0、6.0、7.0、8.0、9.0和10.0，以λDNA和DNaseⅠ作为对照组，保持温度为37℃，利用0.8%琼脂糖电泳观察，检测重组5′-nucleotidase在不同pH7.0下的核酸酶活性。

3.2.22 金属阳离子对重组5′-nucleotidase核酸酶活性的影响

按照方法4.2.5过程检测重组5′-nucleotidase在不同金属阳离子存在下的核酸酶活性，试验组添加0.01mmol/L、0.1mmol/L、1mmol/L、5mmol/L、10mmol/L金属阳离子溶液，随后加入ddH_2O、pH7.0缓冲液、r5′NT和λDNA，将体系放入温度为37℃的金属浴中反应25min，检测。更换其他金属阳离子溶液分别检测其对重组5′-nucleotidase核酸酶活性的影响。

3.3 结果

3.3.1 pMD18-T-5′-*nucleotidase*的鉴定

挑取连接转化后的单菌落转接LB+A液体培养基培养，先进行PCR鉴定。然后提取质粒用*Bam*H

Ⅰ和 *Xho* Ⅰ进行酶切鉴定。PCR 鉴定结果显示扩增出一条约 1500bp 的条带（图 3-1A），与目的基因的大小 1482bp 相一致。酶切产物经琼脂糖凝胶电泳，可观察到 2700bp 左右的克隆载体条带和 1500bp 左右的目的基因条带（图 3-1B）。将 PCR 和酶切鉴定正确的阳性菌送至生工生物工程（上海）有限公司进行测序，利用在线网站 NCBI 的 BLAST 对测定结果进行比对，结果显示克隆重组载体 pMD18-T-5′-*nucleotidase* 中的 5′-*nucleotidase* 基因片段与 GenBank 中公布的鼠伤寒沙门菌 SL1344 株的基因组中 5′-*nucleotidase* 基因的核苷酸序列完全一致，进一步证明重组克隆载体构建成功。

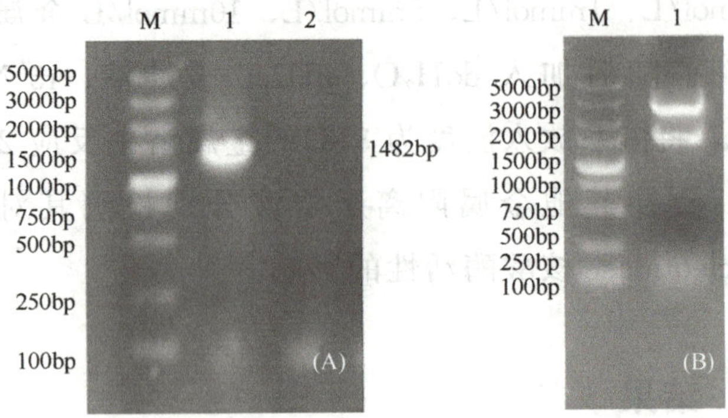

图 3-1　5′-*nucleotidase* 基因的 PCR 鉴定和酶切鉴定

(A) 5′-*nucleotidase* 基因的 PCR 鉴定（M—DNA 分子质量标准；1—PCR 扩增 5′-*nucleotidase* 基因；2—阴性对照）；(B) pMD18-T-5′-*nucleotidase* 的双酶切鉴定（M—DNA 分子质量标准；1—pMD18-T-5′-*nucleotidase* 双酶切产物）

3.3.2　同源性分析

根据遗传进化树分析，鼠伤寒沙门菌 SL1344 株的 5′-*nucleotidase* 基因与肠炎沙门菌的双功能金属磷酸酶 5′-*nucleotidase* 基因（WP 000262867.1）核苷酸序列相比同源性很高，可达 99%，鼠伤寒沙门菌 SL1344 株的 5′-*nucleotidase* 基因与肠炎沙门菌肠毒素血清型分在一个进化树大分支上。

鼠伤寒沙门菌 SL1344 株的 5′-*nucleotidase* 基因的核苷酸序列与其他 22 个微生物的 5′-*nucleotidase* 或 5′-*nucleotidase* 类似物的核苷酸序列相比同源性较低，其中同源性最高的是埃希氏杆菌，达到 52.8%。与已报道的肠杆菌、枯草芽孢杆菌、柠檬酸杆菌、大肠杆菌、阴沟肠杆菌等 5′-*nucleotidase* 基因的同源性基本上集中于 45%～52%，但与克吕沃尔菌、硫酸杆菌、弧菌、窦炎菌、地中海拟无枝酸菌核苷酸的同源性都在 10% 以下。与黑腹果蝇的 3R 染色体在遗传进化关系上被分在一个进化支（图 3-2）。整体上看，鼠伤寒沙门菌 SL1344 株的 5′-*nucleotidase* 基因与肠杆菌具有较近的亲缘关系。

3.3.3　理化性质分析

运用各种在线网站对鼠伤寒沙门菌 SL1344 株的 5′-

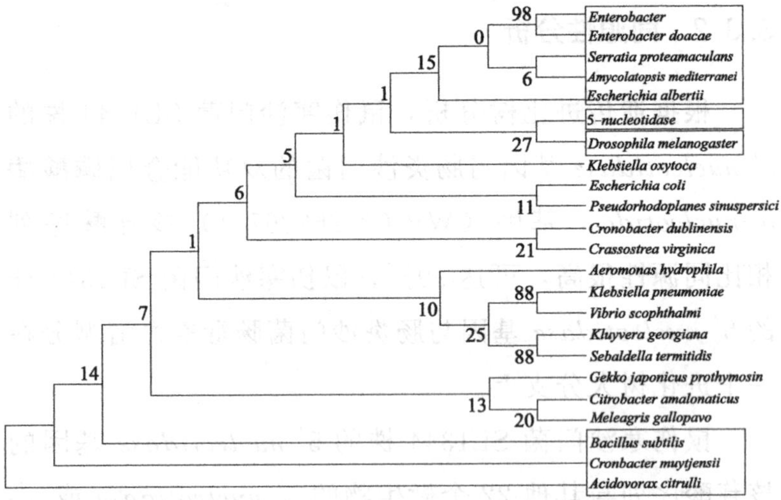

图 3-2　5′-*nucleotidase* 与其他物种 5′-*nucleotidase* 基因的遗传进化树分析

nucleotidase 进行预测分析。理论上 5′-nucleotidase 的分子式为 $C_{2575}H_{4053}N_{655}O_{778}S_{17}$，总原子数为 8078，其分子质量为 57.18ku，等电点的理论值为 5.76。预测结果显示 5′-nucleotidase 蛋白共有 523 个氨基酸，消光系数和不稳定系数分别为 45395 和 25.95，属于稳定存在蛋白，预测该蛋白在哺乳动物网织红细胞的半衰期是 30h。此外，5′-nucleotidase 的负电荷残基总数（Asp+Glu）和正电荷残基总数（Arg+Lys）分别为 66 和 56。该蛋白由 20 种氨基酸组成，其中出现频率较高的氨基酸残基有 Lys（9.0%）、Gly（8.4%）、Val（8.4%）和 Asp（7.8%），出现频率较低的氨基酸残基有 Trp（0.4%）、Cys（0.4%）和 Arg（1.7%），不含 Pyl 和

Sec。该蛋白的氨基酸序列共有 17 个稀有密码子，可溶性分析显示重组蛋白在大肠杆菌中的可溶性为 100%。

按照分值越低亲水性越强而分值越高疏水性越强的原则，该蛋白在 73 位分值最低（−2.500），亲水性最强；在 14 位分值最高（2.322），疏水性最强，且主要亲水性部位分布在 117～129 位、189～209 位、259～270 位、290～306 位、311～334 位、344～356 位、378～391 位、435～448 位和 504～519 位，主要疏水部位分布在 8～26 位、88～106 位、134～144 位、166～186 位、210～220 位、271～280 位和 360～372 位，综合分析该蛋白为亲水性蛋白。

3.3.4 结构分析

利用 NCBI 在线网站对 5′-nucleotidase 氨基酸序列进行保守区域预测，结果显示其保守结构域为 8-521（图 3-3）。预测结果显示该蛋白有信号肽没有跨膜结构域，是个膜内蛋白，可能主要分布于细胞质或细胞器中。糖基化位点预测结果显示 5′-nucleotidase 在 N389IT 处有一个 *N*-糖基化位点，在 S53 处有一个 *O*-糖基化位点，共含有 51 个磷酸化位点，包括 19 个 Ser、10 个 Tyr 和 22 个 Thr，潜力值均大于 0.5。此外 5′-nucleotidase 没有二硫键，存在 20 个 B 细胞线性结合位点和 18 个 T 细胞结合位点。使用 NPS@中的 SOPMA 对蛋白质的二级结构进行预测，结果显示该蛋白主要由 175 个无规则卷曲（33.46%）、145 个 α-螺旋（27.72%）、143 个延伸链（27.34%）和 60 个 β-折叠（11.47%）构成（图 3-4）。对其三级结构进行预测发现，蛋白序列与 PDB 数据库中 3ive.1.A 序列相似性为 51.63%（图 3-5）。

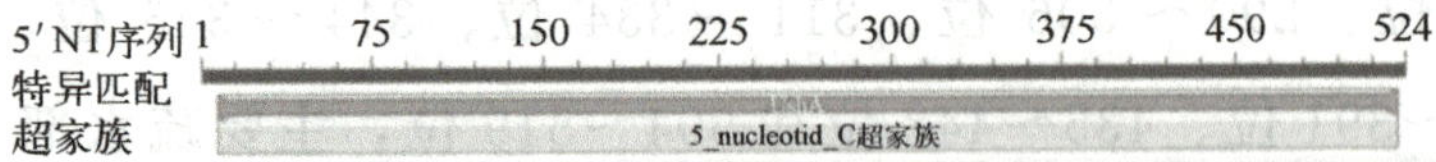

图 3-3　5′-nucleotidase 的保守结构域预测

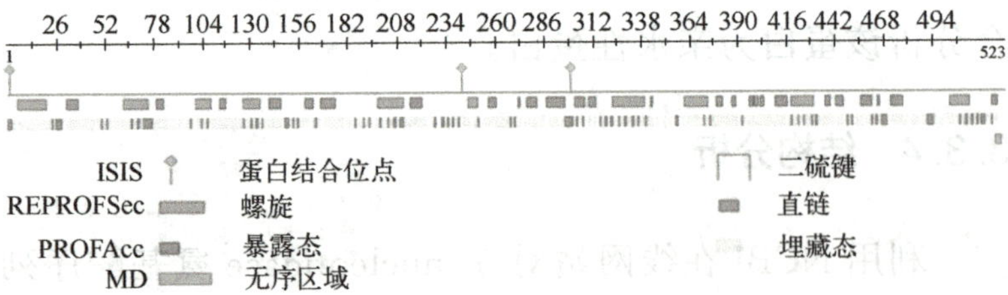

图 3-4　5′-nucleotidase 蛋白二级结构预测

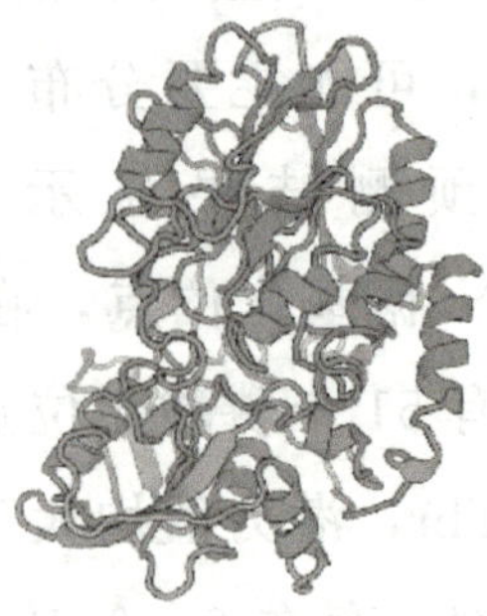

图 3-5　5′-nucleotidase 三维结构同源模型

3.3.5 重组表达载体 pET-32a-5′-*nucleotidase* 鉴定

挑取连接转化后的单菌落扩大培养，提取质粒后用 *Bam*HⅠ 和 *Xho*Ⅰ进行酶切鉴定，电泳结果可见 5000bp 左右的载体条带和 1500bp 左右的目的条带（图 3-6），和预期结果一致，进一步测序也证实了重组表达载体 pET-32a-5′-*nucleotidase* 构建成功。

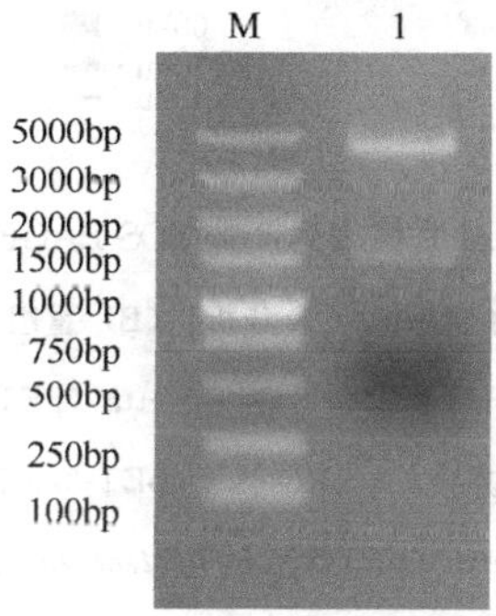

图 3-6　pET-32a-5′-nucleotidase 的酶切鉴定结果

M—DNA 分子质量标准；1—双酶切鉴定（*Bam*HⅠ+*Xho*Ⅰ）

3.3.6 SDS-PAGE 鉴定及 Western-blot 分析

将构建好的重组菌用 IPTG 诱导表达，通过超声破碎获得上清液和沉淀，再进行 SDS-PAGE，结果显示目的条带在 72ku 附近，且上清液和沉淀中都存在，说明重组 5′-nucleotidase 蛋白在大肠杆菌中为可溶性和包涵体表达（图 3-7A），且按照 Ni-NTA Sefinose Resin

Kit 试剂盒说明书，纯化后的蛋白只有一条带没有杂蛋白。Western-blot 结果显示，在 72ku 附近出现目的蛋白（图 3-7B）。

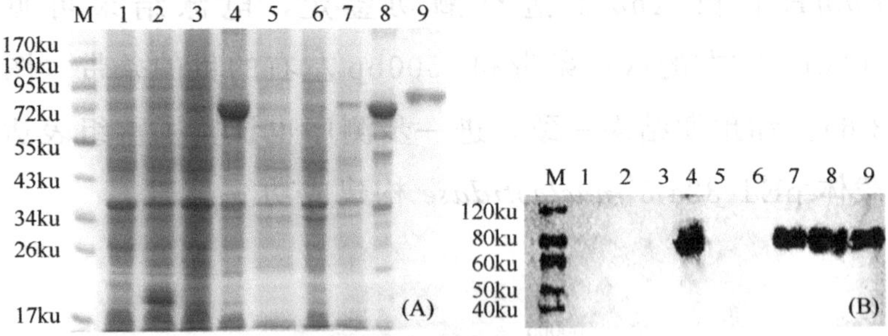

图 3-7　重组 5′-nucleotidase 原核表达产物 SDS-PAGE 分析和 Western-blot 分析

（A）蛋白原核表达产物 SDS-PAGE 分析；（B）重组蛋白 Western-blot 分析

M—蛋白质分子质量标准；1—Rosetta（pET-32a）未诱导；

2—Rosetta（pET-32a）诱导；3—Rosetta（pET-32a-5′-*nucleotidase*）未诱导；

4—Rosetta（pET-32a-5′-*nucleotidase*）诱导；

5—Rosetta（pET-32a-5′-*nucleotidase*）未诱导超声破碎上清；

6—Rosetta（pET-32a-5′-*nucleotidase*）未诱导超声破碎沉淀；

7—Rosetta（pET-32a-5′-*nucleotidase*）诱导超声破碎上清；

8—Rosetta（pET-32a-5′-*nucleotidase*）诱导超声破碎沉淀；9—纯化蛋白

3.3.7　不同温度对重组 5′-nucleotidase 表达的影响

设置 20℃、30℃和 37℃三个诱导温度，均在一致的诱导浓度 1mmol/L IPTG 下诱导 6h。利用 SDS-PAGE 检测重组 5′-nucleotidase 的表达情况（图 3-8）。温度对重组 5′-nucleotidase 可溶性表达量存在影响，在

20℃上清中蛋白表达量最多，说明在 20℃条件下该蛋白主要呈可溶形式表达。

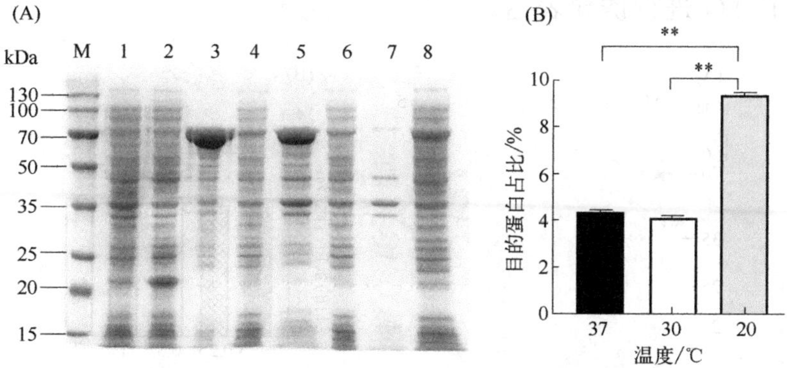

图 3-8　不同诱导温度对重组 5′-nucleotidase 表达的影响

（** 表示差异极显著，$P<0.01$）

（A）SDS-PAGE 分析；（B）目的蛋白定量分析

M—蛋白质分子质量标准；1，2—未诱导和诱导 Rosetta（pET-32a）；

3，4—37℃诱导 Rosetta（pET-32a-5′-*nucleotidase*）沉淀和上清；

5，6—30℃诱导 Rosetta（pET-32a-5′-*nucleotidase*）沉淀和上清；

7，8—20℃诱导 Rosetta（pET-32a-5′-*nucleotidase*）沉淀和上清

3.3.8　不同 IPTG 浓度对重组 5′-*nucleotidase* 表达的影响

设置不同的 IPTG 浓度，在 20℃条件下诱导 6h。利用 SDS-PAGE 检测重组 5′-*nucleotidase* 表达情况（图 3-9）。由图 3-9 可见，IPTG 浓度对重组 5′-*nucleotidase* 的表达有影响，其中 IPTG 浓度为 0.5mmol/L

时重组 5′-*nucleotidase* 表达量显著增加，随着 IPTG 浓度的增加，表达量差异不显著。即选用 0.5mmol/L 的 IPTG 进行诱导表达。

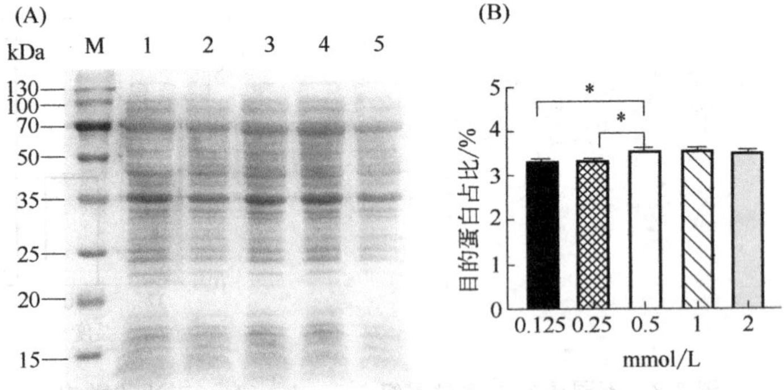

图 3-9　不同 IPTG 浓度对重组 5′-*nucleotidase* 表达的影响

（** 表示差异极显著，$P<0.01$）

（A）SDS-PAGE 分析；（B）目的蛋白定量分析

M—蛋白质分子质量标准；1—0.125mmol/L IPTG 诱导 Rosetta（pET-32a-5′-*nucleotidase*）的上清；2—0.25 mmol/L IPTG 诱导 Rosetta（pET-32a-5′-*nucleotidase*）的上清；3—0.5 mmol/L IPTG 诱导 Rosetta（pET-32a-5′-*nucleotidase*）的上清；4—1 mmol/L IPTG 诱导 Rosetta（pET-32a-5′-*nucleotidase*）的上清；5—2 mmol/L IPTG 诱导 Rosetta（pET-32a-5′-*nucleotidase*）的上清

3.3.9　不同诱导时间对重组 5′-*nucleotidase* 诱导表达的影响

为检测不同的诱导时间对重组 5′-*nucleotidase* 可溶性表达的影响，在分别诱导 4h、5h、6h、7h 和 8h 后，利用 SDS-PAGE 分析，用移液器在胶孔中加入 0.5mmol/mL 的

IPTG 诱导不同时间的 Rosetta（pET-32a-5′*NT*）菌株（图 3-10）。不同诱导时间处理后重组 5′-*nucleotidase* 的表达量存在差异，从图 3-10 中可以看出在诱导时间为 6h 时，重组 5′-*nucleotidase* 表达量最高，随后表达量逐渐降低。即选用诱导时间为 6h 时进行诱导表达。

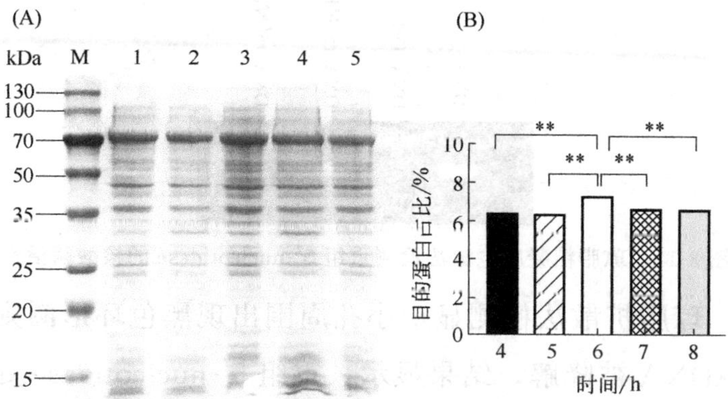

图 3-10　不同诱导时间对重组 5′-nucleotidase 表达的影响

（** 表示差异极显著，$P<0.01$）

（A）SDS-PAGE 分析；（B）目的蛋白定量分析

M—蛋白质分子质量标准；1—诱导 4h Rosetta（pET-32a-5′-*nucleotidase*）上清；

2—诱导 5h Rosetta（pET-32a-5′-*nucleotidase*）上清；

3—诱导 6h Rosetta（pET-32a-5′-*nucleotidase*）上清；

4—诱导 7h Rosetta（pET-32a-5′-*nucleotidase*）上清；

5—诱导 8h Rosetta（pET-32a-5′-*nucleotidase*）上清

3.3.10　重组 5′-nucleotidase 的核酸酶活性检测

为探究重组 5′-nucleotidase 是否具有核酸酶活性，将重组 5′-nucleotidase 与 λDNA 共同孵育，通过琼脂糖

凝胶电泳检测 λDNA 降解情况。结果显示，重组 5′-nucleotidase 加入后与 DNase Ⅰ 处理结果相似，均可以降解 λDNA，而热处理的重组 5′-nucleotidase 则不能降解（图 3-11）。

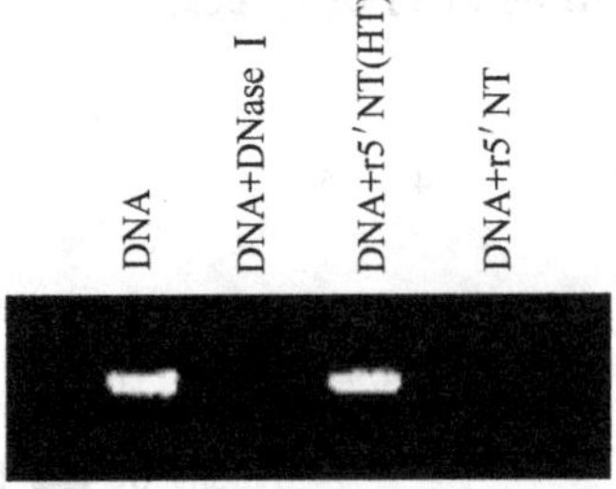

图 3-11 琼脂糖凝胶电泳法检测重组 5′-nucleotidase 的核酸酶活性

琼脂扩散法检测显示小孔周围出现黑色环形圈则表示 λDNA 被降解。结果显示，重组 5′-nucleotidase 处理组可看到小孔周围有黑色环形圈，其比 DNase Ⅰ 处理组环形圈稍小，培养基处理组不显示黑色圈（图 3-12）。

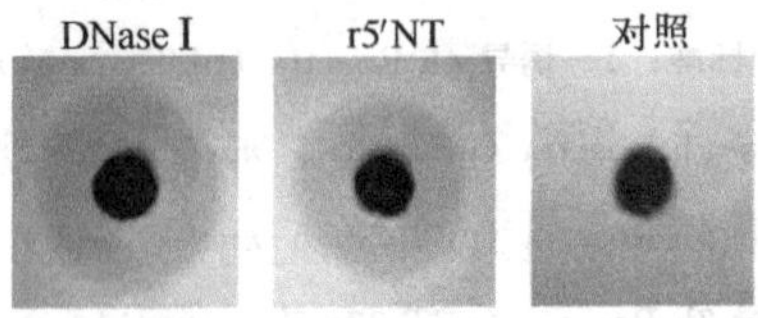

图 3-12 琼脂扩散法检测重组 5′-nucleotidase 的核酸酶活性

3.3.11 不同浓度的重组蛋白对其核酸酶活性的影响

为探究重组 5′-nucleotidase 浓度对其核酸酶活性的影响，设置不同的重组 5′-nucleotidase 浓度。如图 3-13

可见，随着蛋白浓度的增加，其对 λDNA 的降解能力越强，核酸酶活性逐渐增加，当浓度增加到 5μg/mL 时，重组蛋白的降解能力最强。

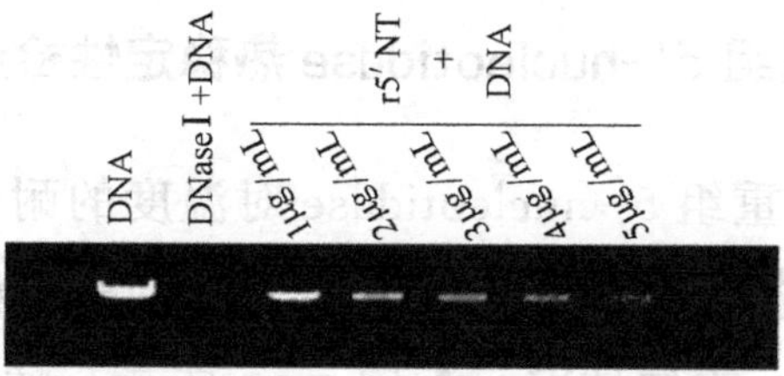

图 3-13　蛋白浓度对重组 5′-nucleotidase 核酸酶活性的影响

3.3.12　温度对重组 5′-nucleotidase 核酸酶活性的影响

为了进一步探究重组 5′-nucleotidase 在不同温度下的核酸酶活性，设置 7 个不同的温度孵育 25min 后，利用琼脂糖凝胶电泳法检测 DNA 降解情况。如图 3-14 所示，在温度为 16℃时，重组 5′-nucleotidase 具有核酸酶活性，随着温度增加，在 37℃时核酸酶活性最强。

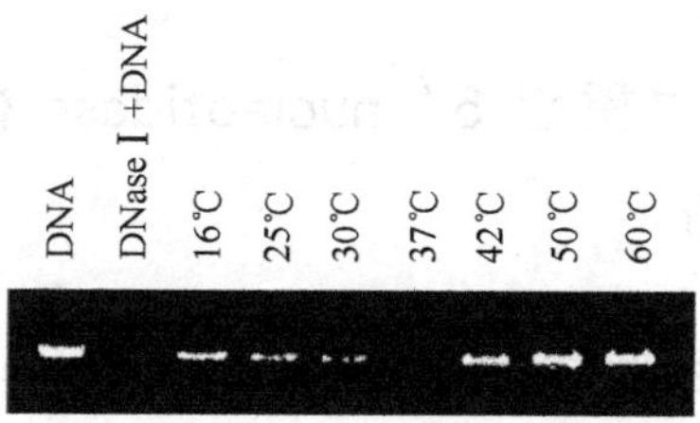

图 3-14　温度对重组 5′-nucleotidase 核酸酶活性的影响

而当温度继续增加达到 50℃时，酶活性丧失，不能继续降解 DNA，表明重组 5′-nucleotidase 核酸酶活性最适反应温度为 37℃。

3.3.13 重组 5′-nucleotidase 热稳定性检测

为检测重组 5′-nucleotidase 对温度的耐受性，设置 4 个不同的温度孵育 25 min 后，利用琼脂糖凝胶电泳法检测 DNA 降解情况。如图 3-15 所示，随着温度的增加，重组 5′-nucleotidase 核酸酶活性并无变化，且与阴性对照组相比，重组蛋白并未显示出对 DNA 的降解能力。表明重组蛋白在较高温度下失去核酸酶活性，即其对温度的耐受性较差。

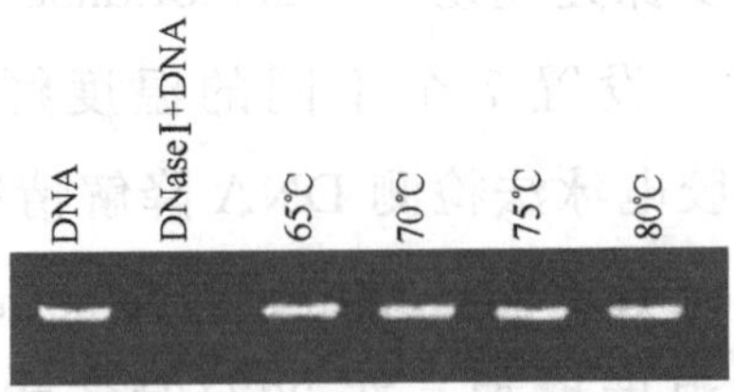

图 3-15 重组 5′-nucleotidase 对温度的耐受性

3.3.14 pH 对重组 5′-nucleotidase 核酸酶活性的影响

为了进一步探究重组 5′-nucleotidase 在不同 pH 下的核酸酶活性，设置 7 个不同的 pH 孵育 25min 后，利用琼脂糖凝胶电泳法检测 DNA 降解情况。如图 3-16 所示，重组 5′-nucleotidase 在 pH4.0～5.0 降解切割 λDNA 能力越来越强，而在 pH6.0～7.0 时对 λDNA 的降解能力最高，在 pH8.0～10.0 降解切割 λDNA 能力越来越弱。表明重组 5′-nucleotidase 最适反应 pH 为 6.0～7.0。

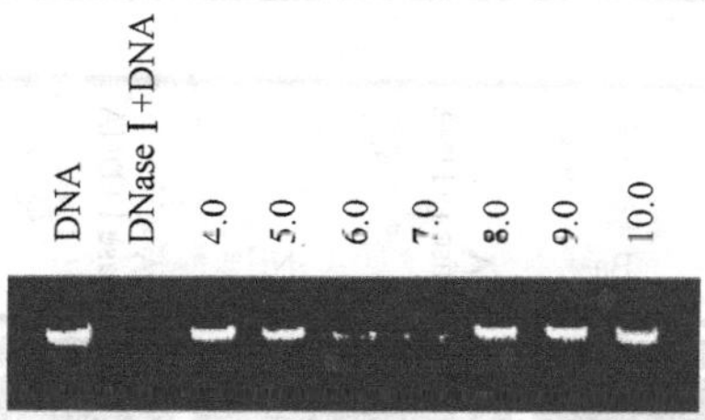

图 3-16　pH 对重组 5′-nucleotidase 核酸酶活性的影响

3.3.15　离子对重组 5′-nucleotidase 核酸酶活性的影响

为进一步探究不同金属阳离子对重组 5′-nucleotidase 核酸酶活性的影响，37℃、pH7.0 时在体系中加入不同浓度的不同金属离子进行反应。结果如图 3-17 所示，除 Mg^{2+} 和 Zn^{2+} 外，随着浓度的升高，其他离子对重组 5′-nucleotidase 核酸酶活性几乎没有影响。随着 Mg^{2+} 浓度增加，重组 5′-nucleotidase 核酸酶活性逐渐增强，在浓度为 1mmol/L，Mg^{2+} 促进重组 5′-nucleotidase 核酸酶活性。而 Zn^{2+} 则表现低浓度促进、高浓度抑制的作用，在浓度达到 5mmol/L 时，其对重组蛋白核酸酶活性的抑制作用最强。

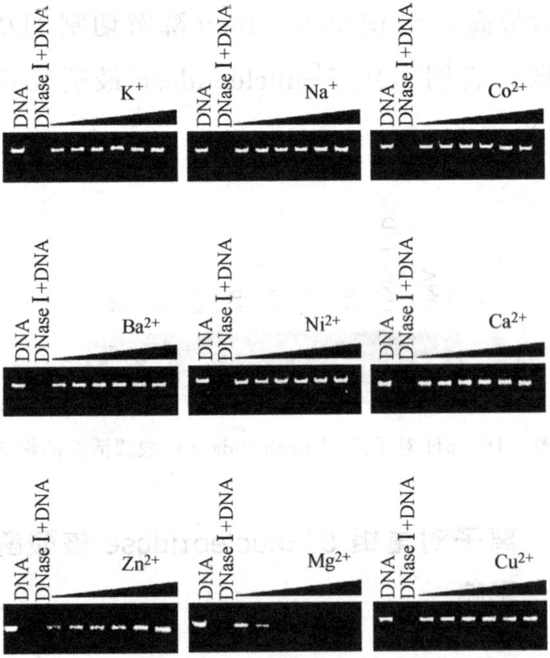

图 3-17　金属离子对重组 5′-nucleotidase 核酸酶活性的影响

3.4　讨论

鼠伤寒沙门菌作为最常见的食源性病原菌之一，在全世界范围内都有分布，可引起食物中毒、胃肠炎、副伤寒等疾病，主要临床症状表现为腹泻、发热、呕吐等。鼠伤寒沙门菌的生命力很顽强，在恶劣的环境中也可生存，甚至在水中也能存活很久，每年大约有 80

万～370 万人次被鼠伤寒沙门菌感染[99]，这不仅使畜牧养殖行业经济损失惨重，严重阻碍了行业的发展，还引发了一系列食品安全问题，对人类健康造成严重影响。因此，研究鼠伤寒沙门菌的致病机制具有重要的公共卫生学意义，且对人兽共患病学的发展带来重要的推动作用。

鼠伤寒沙门菌的致病性主要是依赖于各种毒力因子，核酸酶就是其中一类重要的毒力因子。5′-nucleotidase 是一种特异性磷酸水解酶，可作用于腺苷（次黄苷)-5′-磷酸，而对 3′-磷酸无作用，广泛分布在各种生物中，如动物组织、植物细胞和细菌等，可催化核苷酸分子中磷酸链水解。5′-nucleotidase 通常存在于各种组织的细胞膜上，在大肠杆菌的周质空间中也有 5′-nucleotidase，在高等动物细胞中通常也是与膜结构相结合而存在。血液循环中的 5′-nucleotidase 是由肝胆组织产生和释放的，可作为肝胆系统疾病的辅助诊断指标。5′-nucleotidase 的功能也是多种多样的，在细胞生长发育、运动、神经传递、提高表皮屏障功能、纤维蛋白的合成及淋巴细胞的黏附等方面均发挥着重要作用[100]。

病原菌可以产生各种胞外酶（如蛋白酶、脂肪酶、淀粉酶和核酸酶）用以清除营养物质和侵入人体宿主组织。核酸酶具有重要的生物学作用，如核酸降解、

DNA复制、凋亡、重组、黏附宿主细胞、生物膜中细胞外DNA降解和致病菌毒力。大量环境细菌和致病菌也可分泌核酸酶，降解细胞外DNA，为自身提供营养。细菌中分离出的核酸酶分泌于周质、外膜或细胞外环境中，主要是非特异性DNA酶，可作用于任何DNA底物和碱基序列。另外，核酸酶在生存、发病机制和毒性中的作用已经被证实。其将DNA降解为碳源或磷酸盐源，通过逃脱NETs提高细菌病原体的生存能力或调节宿主免疫防御。5′-nucleotidase可以根据其水解机制和磷酰基团初始受体的底物类型分为Ⅰ型催化机制和Ⅱ型催化机制。其中Ⅰ型催化机制以水分子作为磷酰基初始受体，Ⅱ型催化机制以酶的亲核氨基酸残基作为磷酰基中间受体。微生物5′-nucleotidase根据其分子结构、水解机制类型和细胞定位，表现出特定的活性调节模式，发挥一定的生理作用。

近年来，许多研究中发现5′-nucleotidase在革兰阳性球菌中发挥毒力因子的重要作用。目前尚未见鼠伤寒沙门菌5′-*nucleotidase*基因的相关报道，因此，本实验对5′-*nucleotidase*基因进行了克隆、生物信息学分析、表达纯化。结果发现鼠伤寒沙门菌的5′-*nucleotidase*基因核苷酸序列与其他物种的5′-*nucleotidase*或5′-*nucleotidase*类似物核苷酸序列相比同源性较低。5′-nucleotidase有信号肽，没有跨膜结构域，完全是膜内蛋白，可能主要分布于细胞质或细胞器中。一般情况下蛋白质的疏水性残基位于内部，而亲水性残基则存在于蛋白质的表面。通过对 5′-nucleotidase 的氨基酸序列进行理化性质及疏水性分析，显示该蛋白是一种亲水性蛋白。蛋白质的空间结构对其功能的实现和抗原表位具有重要的影响，蛋白质的二级结构预测显示，该蛋白主要由无规则卷曲（33.46%）和 α-螺旋（27.72%）构成。无规则卷曲主要分布在蛋白质外部，与其松散的结构有关，基本没有规律性。而在多肽链形成 α-螺旋时，不同的侧链集中到骨架的不同位置，有助于 α-螺旋的组装。可溶性预测发现该蛋白在大肠杆菌中的可溶性为 100%，SDS-PAGE 显示经纯化获得大小约为 72 ku 的重组蛋白，呈可溶性和包涵体表达。出现可溶性和包涵体表达可能是由于蛋白的空间构象、本身性质、诱导条件（如温度）、载体、宿主菌、表达系统等因素的影响。Western-blot 结果显示纯化后的重组 5′-nucleotidase 蛋白只有一个条带且条带较亮，说明纯化的重组蛋白纯度较高，没有杂蛋白，且具有良好的反应原性，可作为免疫原。利用琼脂糖凝胶电泳法对纯化的可溶性重组 5′-nucleotidase 蛋白进行核酸酶活性检测，结果显示可溶性重组 5′-nucleotidase 蛋白可降解 DNA，但活性没有 DNase Ⅰ强。

酶活性需要在最佳条件下发挥最大的效果，不同酶反应的最佳条件不同，对温度、pH 和金属离子的需求存在差异。本研究表明重组 5′-nucleotidase 对 λDNA 有降解活性。葡萄球菌 rAdsA 是革兰阳性球菌中发现的第一个 5′NT，该酶在添加 Mg^{2+} 或 Mn^{2+} 时具有最佳酶活性，在 Zn^{2+} 和 Cu^{2+} 存在时其活性受到抑制。当以 AMP 和 ADP 为底物时，最佳孵育 pH 为 7.0。在 pH4.0 时 rAdsA 仍具有较高的 ADPase 酶活性，提示该蛋白适应于炎性微环境，比如脓肿时由于缺氧和高水平腺苷导致的酸性环境。链球菌 5′-nucleotidase 的活性需要 Mg^{2+} 或 Mn^{2+}，并被 Zn^{2+} 抑制。与 rAdsA 相似的无乳链球菌核酸酶 A（S5nA）在 Ca^{2+}、Mg^{2+} 或 Mn^{2+} 作用下活性增加，而在 Zn^{2+} 作用下活性受到抑制。此外，S5nA 酶活性在 37～47℃、pH5.0～6.5 范围内为最佳。与其他 5′-nucleotidase 一样，鼠伤寒沙门菌重组 5′-nucleotidase 核酸酶活性的最适温度为 37℃，最适 pH 为 6.0～7.0。Mg^{2+} 存在时核酸酶活性得到促进，Zn^{2+} 对核酸酶活性有抑制作用。

综上所述，本试验成功克隆了鼠伤寒沙门菌 SL1344 株 5′-*nucleotidase* 基因，并成功获得了重组 5′-nucleotidase 蛋白，且证实了可溶性重组 5′-nucleotidase 蛋白具有核酸酶活性，为进一步研究 5′-*nucleotidase* 基因在鼠伤寒沙门菌感染中的作用奠定基础。

3.5 小结

本试验成功克隆了鼠伤寒沙门菌 5′-*nucleotidase* 基因，对其同源性、信号肽、跨膜区等进行生物信息学分析，然后构建鼠伤寒沙门 5′-nucleotidase 重组表达菌株，通过改变诱导表达的相关条件，对 Rosetta（pET-32a-5′*NT*）的可溶性表达进行优化，得到表达量高的可溶性重组 5′-nucleotidase 蛋白。随后对重组 5′-nucleotidase 的核酸酶活性进行检测，通过改变蛋白浓度、温度、pH 以及添加金属离子探究重组 5′-nucleotidase 核酸酶活性最适条件，并且发现 Mg^{2+} 的添加能够促进核酸酶活性，而随着 Zn^{2+} 浓度增加逐渐抑制核酸酶活性。为下一步鼠伤寒沙门菌与机体在感染和免疫方面的互作研究以及 5′-nucleotidase 的应用提供一定理论依据。

第4章

鼠伤寒沙门菌 5'-*nucleotidase* 基因缺失菌株的构建与生物学特性

鼠伤寒沙门菌和肠炎沙门菌是全世界范围内流行的主要沙门菌，在混合养殖场中禽类更容易被鼠伤寒沙门菌感染[101]。鼠伤寒沙门菌属于沙门菌属B群，是一种非特异性宿主的肠道病原菌，可以逃避宿主天然免疫系统的攻击，在宿主体内复制诱发疾病，鼠伤寒沙门菌是分离率最高的沙门菌之一[40]。5′-nucleotidase是细菌重要的毒力因子，病原菌通过5′-nucleotidase合成脱氧腺苷和腺苷抑制宿主免疫反应，有助于逃避中性粒细胞的捕杀[89]。机体生长发育的各个阶段也离不开5′-nucleotidase，在白血病、缺血性心脏病、肿瘤和缺血性肾脏病等疾病的发生和发展过程中5′-nucleotidase发挥重要作用，但目前关于鼠伤寒沙门菌5′-nucleotidase的功能及其在鼠伤寒沙门菌感染中的作用尚未有研究。

随着对鼠伤寒沙门菌的致病机制以及致病毒力因子相关研究的深入，越来越多的效应蛋白被证实与细菌的毒力有密切联系。虽然生物工程技术发展迅猛且对沙门菌基因组的研究日益深入，但是现有的防治沙门菌的疫苗存在很多弊端，例如毒力返强、基因突变、免疫原性较差、成本昂贵等。研究发现利用基因工程技术敲除某些编码效应蛋白的毒力基因能够明显降低细菌的毒力，减弱沙门菌对机体的致病性，而保留细菌本身的免疫原性，这为沙门菌减毒疫苗的研究提供了新的思路。

在本研究中，将 5′-*nucleotidase* 基因作为目的基因，通过重组自杀性质粒介导的等位基因交换技术成功构建了鼠伤寒沙门菌缺失菌株 SL1344Δ5′-*nucleotidase* 和回复菌株 SL1344CΔ5′-*nucleotidase*。为了进一步探索缺失 5′-*nucleotidase* 基因是否影响鼠伤寒沙门菌 SL1344 株的生物学特性，将对亲本菌株 SL1344、缺失菌株 SL1344Δ5′-*nucleotidase* 以及回复菌株 SL1344CΔ5′-*nucleotidase* 的表型、血清型、生化特性、生长曲线、遗传稳定性、耐酸碱盐、生物被膜形成能力、对小鼠的毒力、对 HeLa 细胞的黏附与侵入、对小鼠的免疫保护率、免疫小鼠后血清 IgG 抗体水平以及核酸酶活性等进行比较研究，为进一步探索 5′-nucleotidase 在鼠伤寒沙门菌感染中的作用奠定基础。

4.1 材料

4.1.1 菌株、质粒和细胞

本试验所用菌株、质粒和细胞如表 4-1 所示。

表 4-1 本试验中所用菌株、质粒、细胞及实验动物

菌株及质粒	来源
鼠伤寒沙门菌标准强毒株 SL1344	南京农业大学惠赠,本实验室保存
pBluescriptⅡ SK(+)	作者实验室保存
pRE112(oriT oriV Δasd Cmr SacB)	作者实验室保存
pBR322 质粒	作者实验室保存
大肠杆菌 DH5α	作者实验室保存
大肠杆菌 χ7213	作者实验室保存
SL1344Δ5′-*nucleotidase*	作者构建
SL1344CΔ5′-*nucleotidase*	作者构建
HeLa 细胞	作者实验室保存

4.1.2 主要试剂和培养基

本试验用的主要试剂和培养基见表 4-2。

表 4-2 本试验中所用试剂

试剂	厂商
DAP	德国 Sigma 公司
Cm	北京鼎国昌盛生物技术有限公司
Xba Ⅰ、*Kpn* Ⅰ、*Nhe* Ⅰ、*Sal* Ⅰ	宝生物工程(大连)有限公司
DAP	德国 Sigma 公司

续表

试剂	厂商
DMEM 高糖培养基	美国 Gibco 公司
TMB 显色液、双抗	碧云天生物技术有限公司
兔抗鼠 IgG-HRP 酶标二抗	碧云天生物技术有限公司
麦芽糖、麦康凯琼脂和 SS 琼脂	广东环凯微生物科技有限公司
Triton X-100	德国 Sigma 公司
庆大霉素	北京索莱宝科技有限公司
考马斯亮蓝、结晶紫	德国 Sigma 公司
生化鉴定管	杭州滨和微生物试剂有限公司

4.1.3　主要试剂的配制

Cm 储存液：称取氯霉素固体粉末 0.25g，加入 10mL 无水乙醇溶解，制成 25mg/mL 的储存液，用 0.22μm 一次性滤器过滤，分装后置于 −20℃ 避光保存。

LB＋C 培养基：向 100mL LB 培养基中加入 100μL Cm 储存液。

DAP 储存液：称量二氨基庚二酸固体粉末 0.5g，加入 10mL 超纯水溶解混匀，制成 50mg/mL 的储存液，用 0.22μm 一次性滤器过滤，分装后置于−20℃避光储存。

LB＋D 培养基：向 100mL LB 培养基中加入 500μL DAP 储存液。

LB＋C＋D 培养基：向 100mL LB 培养基中加 100μL Cm 储存液和 500μL DAP 储存液。

10％甘油溶液：量取 10mL 丙三醇溶液，用超纯水定容至 100mL，121℃高压灭菌 30min，4℃保存备用。

麦康凯培养基：称取麦康凯琼脂 5.1g，加入适量蒸馏水溶解，定容至 100mL，121℃高压灭菌 30min，以 20mL/板的量倒入无菌平皿中，待冷却凝固后放在 4℃保存。

SS 琼脂培养基：称取 SS 琼脂 5.6g，加入适量蒸馏水溶解，定容至 100mL，加热煮沸 10min，以 20mL/板的量倒入无菌平皿中，待冷却凝固后置于 4℃保存。

庆大霉素储存液：称取庆大霉素粉末 0.1g，加入 10mL 无菌超纯水，充分混匀制成 10mg/mL 储存液，用 0.22μm 无菌滤器过滤，分装后置于－20℃保存。

细胞完全培养基的配制：量取 89mL DMEM 高糖培养基，10mL 灭活后的胎牛血清以及 1mL 双抗，混匀后调节 pH 为 7.0，置于 4℃保存，现配现用。

不含双抗的细胞培养基：量取 90mL DMEM 高糖培养基与 10mL 灭活后的胎牛血清，混匀后置于 4℃保存，现配现用。

含庆大霉素的细胞培养基：量取 89mL 的 DMEM 高糖培养基、10mL 灭活后的胎牛血清以及 1mL 庆大霉素储存液（终浓度为 100μg/mL），混匀后置于 4℃保存。

胰酶消化液的配制：称取 0.25g 胰酶和 0.02g EDTA，加入 100mL 灭菌 PBS 溶液，混匀后放在 4℃搅拌 1～2h，用 0.22μm 无菌滤器过滤除菌，置于 4℃保存。

0.1% Triton X-100 溶液：向 100mL PBS 溶液中加入 100μL Triton X-100，充分混匀后，用 0.22μm 无菌滤器过滤除菌，置于 4℃保存。

4.1.4　主要仪器设备

本试验用的主要仪器设备见表 4-3。

表 4-3　主要试验仪器

仪器名称	厂商
基因导入仪	宁波-新芝生物公司
水平转子离心机	长沙湘仪仪器有限公司
紫外可见分光光度计	上海奥析科学仪器有限公司
CO_2 培养箱	美国热电公司
生物安全柜	济南鑫贝西生物技术有限公司
倒置生物显微镜	日本 Olympus 公司
磁力搅拌器	上海之信仪器有限公司
酶标仪	美国热电公司

4.2　方法

4.2.1　引物的设计合成

根据 GenBank 上已公布的鼠伤寒沙门菌 SL1344 株

的全基因组序列（GenBank：No. U25631.1）设计相关引物，各引物均由生工生物工程（上海）股份有限公司合成，引物序列见表 4-4。

表 4-4 PCR 扩增引物序列

基因	引物	引物序列(5′→3′)	酶切位点
Upstream of	Ps1	TCTAGA ATACGGTAAACTTAGCTTCGG	*Xba* I
5′-*nucleotidase*	Ps2	GGATCCATAATAGCCTCGCCTTTGGT	*Bam*H I
Downstream of	Ps3	CTCGAGTTATCGGTAAAGGTGGTGGC	*Xho* I
5′-*nucleotidase*	Ps4	GGTACCCAGGACGTATCAATGGATGACT	*Kpn* I
5′-*nucleotidase*/	Ps5	GAATTACCTGATCGGCTTCG	
Δ5′-*nucleotidase*	Ps6	AAATCCGCCACCACCTTTAC	
5′-*nucleotidase*/	Ps7	TAATAGTCTACTCGCCGCATG	
Δ5′-*nucleotidase*	Ps6	AAATCCGCCACCACCTTTAC	
5′-*nucleotidase*	PF	GCTAGC ATGGTTTATATGAACAAAAAGTT	*Nhe* I
	PR	GTCGACTTATTTGCTAATATCATCCACG	*Sal* I

4.2.2 5′-*nucleotidase* 基因上下臂片段的扩增

以鼠伤寒沙门菌 SL1344 株的基因组为模板，利用引物 Ps1/Ps2 进行 PCR 扩增出 1076 bp 上臂 5′-*nucleotidase* 1，引物 Ps3/Ps4 扩增出 998 bp 下臂 5′-*nucleotidase* 2，回收上臂 5′-*nucleotidase* 1 和下臂 5′-*nucleotidase* 2，分别连接至 pMD18-T 载体，构建成 pMD18-T-5′-*nucleotidase* 1 和 pMD18-T-5′-*nucleotidase* 2 重组质粒，将其转化进 DH5α 感受态细胞中，挑取阳性单菌落进行 PCR、双酶切以及测序鉴定。

4.2.3 中间载体pSK-Δ5'-*nucleotidase*的构建

用*Xba* Ⅰ和*Bam*H Ⅰ分别双酶切pMD18-T-5'-*nucleotidas* 1重组质粒和载体pBluescript Ⅱ SK（＋），回收1000bp左右的5'-*nucleotidase* 1基因片段和3000bp左右的pSK载体片段，经过连接转化，构建重组质粒pSK-5'-*nucleotidase* 1。再用*Xho* Ⅰ和*Kpn* Ⅰ分别双酶切pMD18-T-5'-*nucleotidase* 2和pSK-5'-*nucleotidase* 1重组质粒，回收1000bp左右的5'-*nucleotidase* 2基因片段和4000bp左右的pSK-5'-*nucleotidase* 1片段，连接转化构建重组质粒pSK-Δ5'-*nucleotidase*，利用PCR和双酶切鉴定阳性克隆菌。

4.2.4 重组自杀性质粒pRE-Δ5'-*nucleotidase*的构建

用*Xba* Ⅰ和*Kpn* Ⅰ分别双酶切pSK-Δ5'-*nucleotidase*重组质粒和自杀性质粒pRE112，回收2000bp左右的串联片段5'-*nucleotidase* 1＋5'-*nucleotidase* 2和5000bp左右的自杀性质粒pRE112，经连接转化到大肠杆菌χ7213感受态，构建不含1112bp的5'-*nucleotidase*基因片段的重组自杀性质粒pRE-Δ5'-*nucleotidase*，采用PCR和双酶切鉴定。

4.2.5 缺失菌株 SL1344Δ5′-*nucleotidase* 的筛选

采用两步法同源重组筛选技术构建基因缺失突变株 SL1344Δ5′-*nucleotidase*。首先将 χ7213（pRE-Δ5′-*nucleotidase*）作为供体菌，鼠伤寒沙门菌 SL1344 株作为受体菌进行接合转移，即过夜培养的供体菌和受体菌各取 100μL 混合，加入适量 LB+D 液体培养基培养过夜，从中取出 100μL 菌液涂布于含有 Cm 和 10%蔗糖的 LB 固体培养基上培养，筛选具有 Cm 抗性（Cm^r）的接合子，用引物 Ps5/Ps6 进行 PCR 扩增鉴定。将阳性接合子转接到含有 10%蔗糖的 NB（不含 NaCl 的 LB）液体培养基中培养过夜，用无菌生理盐水稀释，将适当稀释度的菌液涂布于 NB+10% SUC 固体培养基上，筛选无 Cm 抗性并对蔗糖敏感（Cm^r/SUCs）的单菌落，利用引物 Ps5/Ps6 和 Ps7/Ps6 进行 PCR 鉴定，扩增产物送至生工生物工程（上海）股份有限公司进行测序。

4.2.6 沙门菌感受态的制备

沙门菌感受态的制备具体操作如下：

(1) 将构建好的鼠伤寒沙门菌 SL1344Δ5′-*nucleotidase* 进行活化，挑取单菌落转接 LB 液体培养基，37℃ 180r/min 过夜培养，然后按 1∶100 的比例转接于

50mL LB 液体培养基中，37℃ 180r/min 培养 2～3h。

（2）当 OD_{600nm} 值达到 0.3～0.4 时，将培养液转移到预冷的 50mL 离心管中，冰浴 30min，4℃ 8000r/min 离心 10min，弃掉上清。

（3）向沉淀中加入 50mL 预冷的无菌超纯水，重悬菌体并混匀，4℃ 8000r/min 离心 10min，弃掉上清，该步骤进行 3 次。

（4）加入 50mL 预冷的 10%甘油溶液，重悬并混匀，在 4℃ 8000r/min 离心 10min，弃掉上清，该步骤重复 3 次。

（5）加入 500μL 预冷的 10%甘油溶液，重悬并混匀，100μL/管分装，置于－80℃保存备用。

4.2.7　沙门菌的电转化

（1）取出新制备好的沙门菌感受态细胞，在冰水混合物中溶解，将电极杯事先处理好，置于－20℃预冷 1～2h。

（2）在无菌操作台中将连接产物与沙门菌感受态混合，冰浴 30min。

（3）提前设置好电转参数：电压 2200V，电阻 200Ω，电容 25μF，将混合物转移至电极杯，放入基因导入仪进行电转。

（4）电转结束后，迅速将电极杯拿到无菌操作台中，加入 400μL LB 液体培养基，在 37℃ 180r/min 培养 2～3h。

(5) 从试管中吸取 100 μL 菌液涂布到 LB+ A 的固体培养基上，37℃培养过夜，挑取单菌落进行鉴定。

4.2.8 SL1344CΔ5′-*nucleotidase* 回复菌株的构建

以鼠伤寒沙门菌 SL1344 株的基因组作为模板，通过特异性引物 PF/PR 进行 PCR 扩增得到 5′-*nucleotidase* 基因片段，连接至 pMD18-T 载体，并转化进 DH5α 感受态，构建重组质粒 pMD18-T-5′-*nucleotidase*。经 PCR、双酶切以及测序正确后，用 *Nhe* Ⅰ和 *Sal* Ⅰ分别双酶切 pMD18-T-5′-*nucleotidase* 和 pBR322 载体，回收 1500bp 左右的 5′-*nucleotidase* 基因片段和 4300bp 左右的 pBR322 载体片段。再进行连接构建重组质粒 pBR322-5′-*nucleotidase*，然后电转至制备好的沙门菌 SL1344Δ5′-*nucleotidase* 感受态中，构建回复菌株 SL1344CΔ5′-*nucleotidase*，挑取单菌落进行 PCR、双酶切和测序鉴定。

4.2.9 缺失菌株 SL1344Δ5′-*nucleotidase* 的表型鉴定及生化特性

利用玻片凝集试验对亲本菌株 SL1344、缺失菌株 SL1344Δ5′-*nucleotidase* 和回复菌株 SL1344CΔ5′-*nucleotidase*

进行 O 抗原和 H 抗原等相关血清型鉴定。将亲本菌株 SL1344、缺失菌株 SL1344Δ5′-*nucleotidase*、回复菌株 SL1344CΔ5′-*nucleotidase* 分别接种于含 1%麦芽糖的麦康凯固体培养基和不含麦芽糖的麦康凯固体培养基，置于 37℃培养 16h 观察菌落颜色和形态，然后进一步转接至葡萄糖、甘露醇、阿拉伯糖等生化鉴定管研究其生化特性。

4.2.10　缺失菌株 SL1344Δ5′-*nucleotidase* 的遗传稳定性

将构建好的缺失菌株 SL1344Δ5′-*nucleotidase* 接种在 LB 固体培养基上，然后连续传代培养至第 60 代，分别挑取第 10、20、30、40、50 和 60 代单菌落作为模板，通过特异性引物 Ps5/Ps6 进行 PCR 鉴定，以检测 5′-*nucleotidase* 缺失基因在缺失菌株 SL1344Δ5′-*nucleotidase* 中的遗传稳定性。

4.2.11　缺失菌株 SL1344Δ5′-*nucleotidase* 生长特性

将亲本菌株 SL1344、缺失菌株 SL1344Δ5′-*nucleotidase* 和回复菌株 SL1344CΔ5′-*nucleotidase* 转接到 LB 液体培养基中，在 37℃ 180r/min 条件下培养过夜，用 PBS 溶液进行连续 10 倍稀释，选取合适稀释度取

100μL 均匀涂布在 LB 固体培养基上，均设置 3 个重复，置于 37℃ 培养过夜，计菌落数，根据平均值计算原菌液的 CFU。根据计算出的 CFU 将三种菌调至相同的浓度，均以 10^6CFU/mL 转接至 100mL 新鲜 LB 液体培养基，在 37℃ 180r/min 培养，每隔 1h 取样进行稀释涂板计数，直至第 16h 结束，计算 CFU 并绘制生长曲线。

4.2.12 5′*NT* 基因对鼠伤寒沙门菌运动性的影响

将亲本菌株 SL1344、缺失菌株 SL1344Δ5′-*nucleotidase* 以及回复菌株 SL1344CΔ5′-*nucleotidase* 于 37℃ 振荡培养箱培养 16h，调节三菌株 D_{600nm} 至 0.6。使用灭菌直接种针蘸取 SL1344、SL1344Δ5′ *NT* 和 SL1344CΔ5′*NT* 菌液分别沿轴心穿刺在 TSA 半固体试管和平板中。平板穿刺深度分别为 0.5cm，试管穿刺深度 2～3cm。于 37℃培养箱培养并观察不同菌株的运动情况。每种菌株进行三个重复试验。

4.2.13 缺失菌株 SL1344Δ5′-*nucleotidase* 的耐酸碱和耐盐性检测

将亲本菌株 SL1344、缺失菌株 SL1344Δ5′-*nucleotidase* 以及回复菌株 SL1344CΔ5′-*nucleotidase* 分别转接到 LB 液体培养基中，在 37℃ 180r/min 培养过夜，

分别取 10^7CFU 转接至等量的 pH 为 2、3、4、5、6、7、8、9、10、11 和 12 的 LB 液体培养基中，均设置三个重复，置于 37℃ 180r/min 培养 12h，用紫外分光光度计检测菌液的 OD_{600nm}，计算平均值并绘制曲线。同时，以 10^8CFU 转接至配制好的 NaCl 浓度分别为 0、1%、2%、3%、4%、5%、6%、7%和 8%的 LB 液体培养基中，每个浓度做三个重复，在 37℃ 180r/min 培养 12h，检测菌液的 OD_{600nm}，取平均值绘制曲线。

4.2.14　5′*NT* 基因对鼠伤寒沙门菌耐药性的影响

取 SL1344、SL1344Δ5′*NT* 和 SL1344CΔ5′*NT* 菌液分别用无菌 PBS 稀释至 10^7CFU。用无菌棉拭子蘸取菌液并在管壁轻轻挤压去掉多余菌液，随后在 M-H 平板上涂布均匀，静置 2～5min。将药敏片从冰箱中拿出平衡至室温，用灭菌后的镊子夹取药敏片放置在 M-H 平板上，用镊子轻轻施加压力使药敏片贴合平板。纸片距离平板边缘 17cm。游标卡尺用以测量抑菌圈的直径，敏感性评估采用 3 次重复试验的平均值。

4.2.15　缺失菌株 SL1344Δ5′-*nucleotidase* 的生物被膜检测

将亲本菌株 SL1344、缺失菌株 SL1344Δ5′-*nucleotidase* 及回复菌株 SL1344CΔ5′-*nucleotidase* 培养过夜

后，初始浓度调整至一致，以每孔 100μL 加到 96 孔板中，每种菌株设置三个重复，将 96 孔板放在湿盒中保持湿度，28℃培养 72h，缓慢抽尽残留的培养基，PBS 溶液洗 3 次，37℃干燥 30min。每孔加入 100μL 结晶紫染料，静置 30min，去除结晶紫染料，PBS 溶液洗 3 次，37℃干燥 30min，最后以 100μL/孔加入无水乙醇，利用酶标仪检测 OD_{570nm}。

4.2.16 缺失菌株 SL1344Δ5′-*nucleotidase* 对 HeLa 细胞的黏附和侵入试验

对 HeLa 上皮细胞的黏附和侵入能力检测的具体步骤如下：

（1）利用胰酶将培养好的 HeLa 上皮细胞制成单细胞悬液，采用台盼蓝染色法进行细胞计数，适当稀释后按 10^5 个/孔加到 24 孔板中，放在 37℃ CO_2 培养箱培养 16h。

（2）将亲本菌株、缺失菌株、回复菌株培养过夜，初始浓度调整至一致，按照 MOI＝100∶1（细菌/细胞）将菌液稀释到 10^7，再用不加双抗的细胞培养基洗 3 次。

（3）将 HeLa 细胞用 PBS 溶液洗涤 3 次，补充适量不加双抗的细胞培养基，以 10^7/孔加入处理好的菌液，轻轻混匀后 800r/min 离心 10min，置于 37℃ CO_2

培养箱培养 1h。

（4）黏附试验：弃去细胞培养基，细胞用无菌 PBS 溶液洗 3 次，除去没有结合的细菌，加入胰酶消化液，将细胞收集到 EP 管中。用 PBS 溶液进行连续的 10 倍稀释，选取合适的稀释度涂布到 LB 固体培养基上，在 37℃培养 16h，计菌落数，按照细菌黏附数/细菌总数计算黏附率。

（5）侵入试验：弃去细胞培养液，用含庆大霉素的细胞培养基进一步培养 40min，然后加入 1mL 0.1% Triton X-100 溶液裂解细胞，将裂解后的溶液用 PBS 溶液进行连续 10 倍稀释，选取合适稀释度涂布到 LB 固体培养基上，在 37℃培养 16h，计菌落数，按照细菌侵入数/细菌总数计算侵入率。

4.2.17　缺失菌株 SL1344Δ5′-*nucleotidase* 的毒力测定

将亲本菌株 SL1344、缺失菌株 SL1344Δ5′-*nucleotidase* 和回复菌株 SL1344CΔ5′-*nucleotidase* 接种于适量 LB 液体培养基中，置于 37℃ 180r/min 培养过夜，用 PBS 溶液进行连续 10 倍稀释。将 150 只 6 周龄 BALB/c 小鼠随机平均分为 3 个试验组：亲本菌株组、缺失菌株组、回复菌株组，同时设置空白对照组，每组 10 只，每个试验组设置 5 个浓度梯度，每个浓度梯度

10只。攻毒前12h将小鼠断食断水，攻毒前1～2h将小鼠口服灌胃10%$NaHCO_3$溶液，每只100μL，目的是中和胃酸。试验组选取合适的细菌稀释液，进行口服灌胃小鼠，每只100μL，空白对照组则口服灌胃等量PBS溶液。攻毒结束后恢复正常的供食供水。记录小鼠的死亡数量，直至无小鼠死亡，根据Bliss法计算小鼠的半数致死量（LD_{50}）。

4.2.18 缺失菌株免疫小鼠后血清中IgG含量的测定

根据小鼠毒力测定（LD_{50}）试验结果，将36只6周龄BALB/c小鼠随机平均分成2组（试验组和对照组）。每次免疫和攻毒前小鼠和细菌的处理都与5.2.7相同，分别于第1天和第8天以1.0×10^5的缺失菌株SL1344Δ5′-*nucleotidase*口服免疫试验组小鼠，用100μL PBS溶液口服免疫对照组小鼠。在免疫后的第3d、7d、14d、21d、28d、35d每组各取3只小鼠，采血分离血清。根据ELISA方法对血清IgG抗体水平进行检测。具体步骤如下：挑取SL1344株单菌落接种适量LB液体培养基培养过夜。按照1∶100比例转接，培养至对数生长期，8000r/min离心5min，弃去上清，用PBS洗涤沉淀3次，超纯水重悬混匀，经超声破碎后离心，上清即为包被液。将包被液的浓度调整至30μg/mL，加入ELISA反应板中，每孔100μL，置于

4℃过夜孵育。除去包被液，加入 5%的脱脂奶粉溶液封闭 1h。按照 1∶200 比例稀释待检血清，每孔 100μL，37℃孵育 30min。再加入兔抗鼠 IgG-HRP 酶标抗体，每孔 100μL，置于 37℃孵育 30min，加入 TMB 底物显色液，每孔 200μL，静置 20min，最后加入 2mol/L H_2SO_4 溶液终止反应，用酶标仪检测 OD_{450nm}。

4.2.19　缺失菌株 SL1344Δ5′-*nucleotidase* 免疫保护率测定

根据 LD_{50}，将 40 只 6 周龄 BALB/c 小鼠随机分为 4 组，分别为试验 1 组、试验 2 组、对照 1 组、对照 2 组，每组 10 只。试验 1 组和试验 2 组的免疫原均为缺失菌株 SL1344Δ5′-*nucleotidase*，对照 1 组和对照 2 组的免疫原均为无菌 PBS 溶液，试验 1 组和对照 1 组攻毒，试验 2 组和对照 2 组的小鼠不攻毒。每次免疫和攻毒前小鼠和细菌的处理都与 5.2.8 相同，分别于第 1d 和第 8d 以 1.0×10^5CFU 的 SL1344Δ5′-*nucleotidase* 缺失菌株口服免疫试验组小鼠，每只 100μL，对照组小鼠用等量的无菌 PBS 溶液口服免疫。在二免后第 7d 以 1.0×10^8CFU 的 SL1344 亲本菌株分别口服灌胃试验 1 组和对照 1 组小鼠，每只 100μL，而试验 2 组和对照 2 组的小鼠不作任何处理。观察并记录小鼠死亡情况，直到不出现小鼠死亡，根据各组小鼠的死亡情况计算缺失菌株对亲本菌株攻毒保护率，以评价减毒沙门菌的免疫保护作用。

4.2.20 缺失菌株的胞外蛋白核酸酶活性检测

参照 2.2.1 的方法，收集亲本菌株 SL1344、缺失菌株 SL1344Δ5′-*nucleotidase* 和回复菌株 SL1344CΔ5′-*nucleotidase* 的胞外蛋白，用 BCA 试剂盒测蛋白浓度。按照 2.2.3 的方法，对其核酸酶活性进行检测。向 50mmol/L Tris 缓冲液（pH8.0）中加入 λDNA 和核酸染料作为底物，配制成 1.0%的琼脂糖凝胶，倾注于平皿中打孔，将等量的三种菌株胞外蛋白加入孔内，分别以 DNase Ⅰ 和基本培养基作为阳性对照和阴性对照，置于 37℃ 孵育过夜。于凝胶成像系统下观察孔周围 λDNA 降解程度并拍照。

4.3 结果

4.3.1 5′-*nucleotidase* 基因上下臂片段的扩增

以鼠伤寒沙门菌 SL1344 株的基因组为模板，用引物 Ps1/Ps2 和 Ps3/Ps4 分别扩增出 5′-*nucleotidase* 基因的上下臂 5′-*nucleotidase* 1 和 5′-*nucleotidase* 2，大小约为 1076bp 和 998bp（见图 4-1A），与预测结果

相一致。上臂 5′-*nucleotidase* 1 和下臂 5′-*nucleotidase* 2 分别与 pMD18-T 载体连接，构建重组载体 pMD18-T-5′-*nucleotidase* 1 和 pMD18-T-5′-*nucleotidase* 2。用 *Xba* Ⅰ 和 *BamH* Ⅰ 双酶切 pMD18-T-5′-*nucleotidase* 1 可得两个片段，分别为 1076bp 5′-*nucleotidase* 1 和 2692bp pMD18-T 载体。用 *Xho* Ⅰ 和 *Kpn* Ⅰ 双酶切 pMD18-T-5′-*nucleotidase* 2，同样得到两个片段，分别为 998bp 5′-*nucleotidase* 2 和 2692bp pMD18-T 载体（见图 4-1B）。测序结果同样表明重组质粒 pMD18-T-5′-*nucleotidase* 1 和 pMD18-T-5′-*nucleotidase* 2 构建成功。

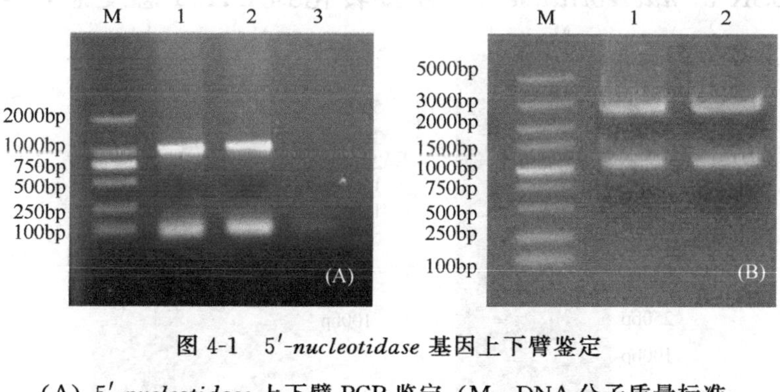

图 4-1 5′-*nucleotidase* 基因上下臂鉴定

（A）5′-*nucleotidase* 上下臂 PCR 鉴定（M—DNA 分子质量标准；1—5′-*nucleotidase* 1 的 PCR 产物；2—5′-*nucleotidase* 2 的 PCR 产物；3—水对照）；（B）pMD18-T-5′-*nucleotidase* 1 和 pMD18-T-5′-*nucleotidase* 2 的酶切鉴定（M—DNA 分子质量标准；1—pMD18-T-5′-*nucleotidase* 1 的双酶切产物；2—pMD18-T-5′-*nucleotidase* 2 的双酶切产物）

4.3.2 中间载体 pSK-Δ5′-*nucleotidase* 的鉴定

分别用 *Xba* Ⅰ 和 *Bam* H Ⅰ 双酶切 pMD18-T-5′-*nucleotidase* 1 重组质粒和 pBluescriptSK（＋）载体，回收 5′-*nucleotidase* 1 目的片段和 pBluescriptSK（＋）载体，连接后转化到 DH5α 感受态，得到 pSK-5′-*nucleotidase* 1 重组质粒。用 *Xba* Ⅰ 和 *Bam* H Ⅰ 双酶切得两条带，大小约为 1076bp 和 2961bp（见图 4-2A），表明重组质粒 pSK-5′-*nucleotidase* 1 构建成功。再用 *Kpn* Ⅰ 和 *Xho* Ⅰ 分别双酶切 pMD18-T-5′-*nucleotidase* 2 和 pSK-5′-*nucleotidase* 1，回收 5′-*nucleotidase* 2 和 pSK-5′-*nucleotidase* 1，连接转化到 DH5α 感受态，构

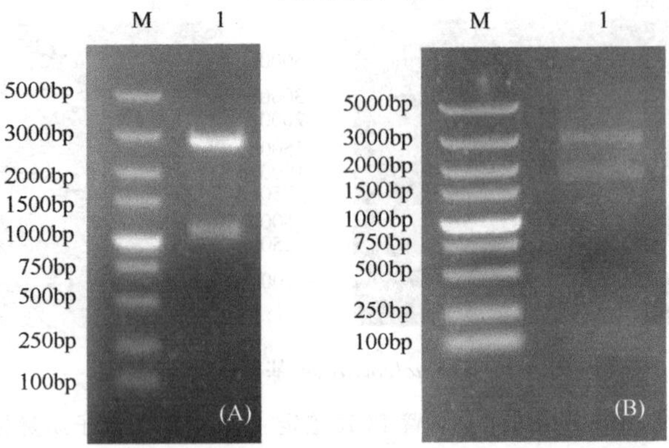

图 4-2 pSK-5′-*nucleotidase* 1 和 pSK-Δ5′-*nucleotidase* 的酶切鉴定

（A）pSK-5′-*nucleotidase* 1 的酶切鉴定

（M—DNA 分子质量标准；1—pSK-5′-*nucleotidase* 1 的酶切产物）；

（B）pSK-Δ5′-*nucleotidase* 的酶切鉴定（M—DNA 分子质量标准；

1—pSK-Δ5′-*nucleotidase* 的酶切产物）

建 pSK-Δ5′-*nucleotidase* 重组质粒。通过 *Xba* Ⅰ和 *Xho* Ⅰ双酶切可得到两条带，大小分别为 2074bp 和 2961bp，和预期结果一致，表明重组质粒 pSK-Δ5′-*nucleotidase* 构建成功（见图 4-2B）。

4.3.3　自杀性质粒 pRE-Δ5′-nucleotidase 的鉴定

通过 *Xba* Ⅰ和 *Kpn* Ⅰ对构建的 pRE-Δ5′-*nucleotidase* 重组自杀性质粒进行双酶切鉴定。结果如图 4-3 所示，电泳可见约 2000bp 的目的条带（5′-*nucleotidase* 1＋5′-*nucleotidase* 2）和约 5173bp 的 pRE112，与预期结果相一致，说明重组自杀性质粒 pRE-Δ5′-*nucleotidase* 构建成功。

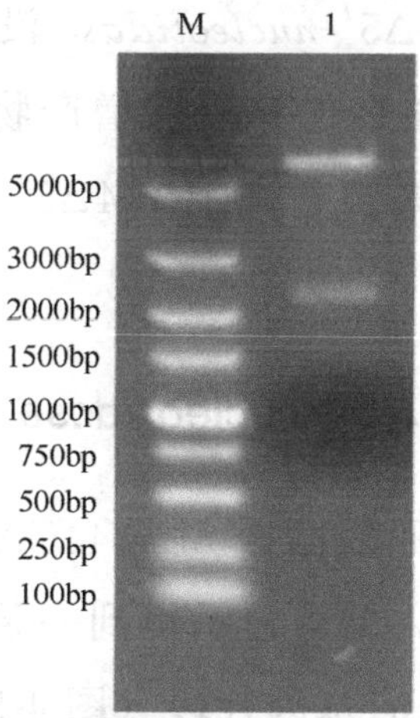

图 4-3　pRE-Δ5′-*nucleotidase* 的酶切鉴定

M—DNA 分子质量标准；1—*Xba* Ⅰ和 *Kpn* Ⅰ双酶切鉴定质粒 pRE-Δ5′-*nucleotidase*

4.3.4 缺失菌株 SL1344Δ5′-*nucleotidase* 的筛选

经第一次同源重组，pRE-Δ5′-*nucleotidase* 被整合到 SL1344 的基因组中，利用上下臂的内部引物 Ps5/Ps6 对阳性接合子进行 PCR 鉴定，可以得到两个大小分别为 1569bp 和 457bp 的条带（图 4-4A）。突变菌株 SL1344Δ5′-*nucleotidase* 和恢复为野生菌株，用引物 Ps5/Ps6 进行扩增，突变菌株和野生菌株大小分别为 457bp 和 1569bp（图 4-4B）。进一步用 Ps7 和 Ps6 进行 PCR 鉴定，证明该同源重组是发生在鼠伤寒沙门菌 SL1344 株的基因组中，而不是重组自杀性质粒。突变菌株和野生菌株分别为 1171bp 和 2283bp，pRE-Δ5′-*nucleotidase* 没有扩增出任何条带（图 4-4C）。将 Ps6/Ps7 扩增产物进行测序，结果进一步验证了缺失菌株 SL1344Δ5′-*nucleotidase* 构建成功。

4.3.5 SL1344CΔ5′-*nucleotidase* 回复菌株的鉴定

用 PF/PR 对回复菌株 SL1344CΔ5′-*nucleotidase* 进行 PCR 扩增鉴定，结果显示得到一条大小为 1500bp 左右的 5′-*nucleotidase* 基因片段（图 4-5A）。用 *Nhe* Ⅰ 和 *Sal* Ⅰ 双酶切重组质粒 pBR322-5′-*nucleotidase*，电泳结果表明得到两个条带，一条是 4000bp 左右的载体条带，

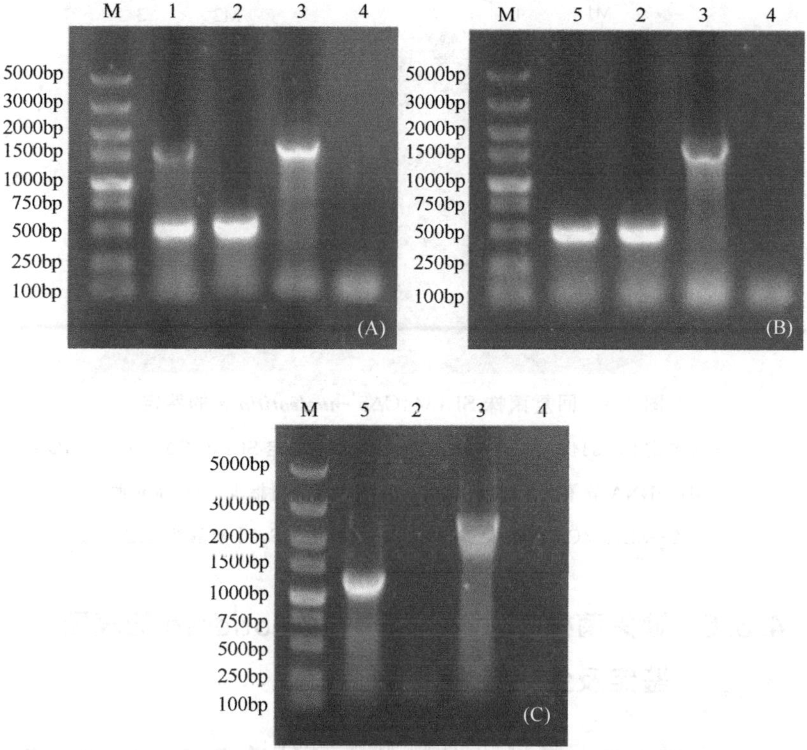

图 4-4　缺失菌株 SL1344Δ5′-*nucleotidase* 的 PCR 鉴定

(A) Ps5/Ps6 鉴定接合子；(B) Ps5/Ps6 鉴定 SL1344Δ5′-*nucleotidase*；

(C) Ps7/Ps6 鉴定 SL1344Δ5′-*nucleotidase*

M—DNA 分子质量标准；1—SL1344Δ5′-*nucleotidase* 接合子；

2—pRE-Δ5′-*nucleotidase* 对照；3—SL1344；4—水对照；

5—SL1344Δ5′-*nucleotidase*

另一条是 1500bp 左右的目的条带，与预期结果相一致。测序结果进一步表明回复菌株 SL1344CΔ5′-*nucleotidase* 构建成功（图 4-5B）。

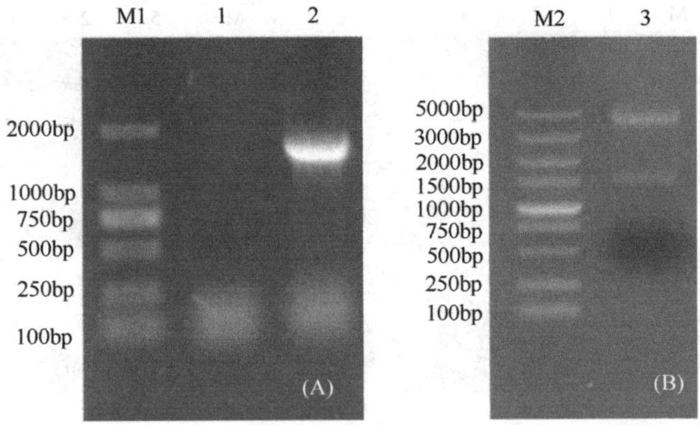

图 4-5　回复菌株 SL1344CΔ5′-*nucleotidase* 的鉴定

(A) PCR 鉴定 SL1344CΔ5′-*nucleotidas*；(B) 酶切鉴定 SL1344CΔ5′-*nucleotidase*
M1—DNA 分子质量标准；M2—DNA 分子质量标准；1—水对照；
2—SL1344CΔ5′-*nucleotidase*；3—*Nhe* Ⅰ＋*Sal* Ⅰ双酶切鉴定

4.3.6　缺失菌株 SL1344Δ5′-*nucleotidase* 的表型鉴定及生化特性

血清学鉴定和生化特性鉴定的结果显示，与亲本菌株 SL1344 相比，缺失菌株 SL1344Δ5′-*nucleotidase* 和回复菌株 SL1344CΔ5′-*nucleotidase* 的表型和血清型没有发生变化，仍为 1，4，[5]，12：i：1，2，依然有利用麦芽糖的能力，生化特性也没有发生变化。

4.3.7　缺失菌株 SL1344Δ5′-*nucleotidase* 的遗传稳定性

用引物 Ps5/Ps6 PCR 扩增鉴定缺失菌株第 10、20、

30、40、50 和 60 代，结果显示都可扩增出 457bp 的缺失型 Δ5′-*nucleotidase* 基因片段（图 4-6），这表明缺失菌株 SL1344Δ5′-*nucleotidase* 能够稳定遗传缺失的 5′-*nucleotidase* 基因。

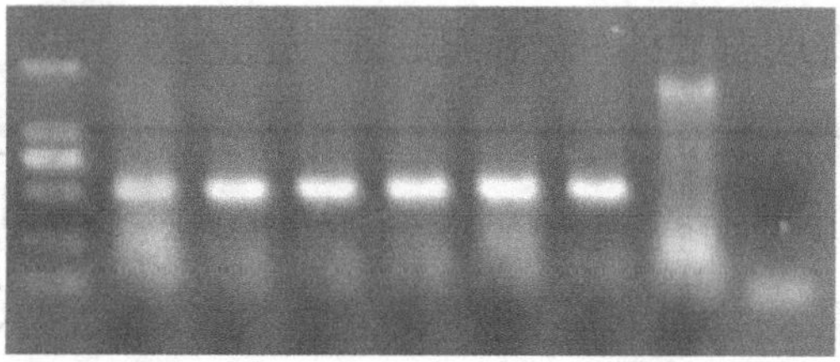

图 4-6　PCR 鉴定缺失菌株 SL1344Δ5′-*nucleotidase* 的稳定性

M—DNA 分子质量标准；1～6—SL1344Δ5′-*nucleotidase* 第 10、20、30、40、50 和 60 代 PCR 扩增产物；7—SL1344；8—水对照

4.3.8　缺失菌株 SL1344Δ5′-*nucleotidase* 生长特性鉴定

亲本菌株 SL1344、缺失菌株 SL1344Δ5′-*nucleotidase* 和回复菌株 SL1344CΔ5′-*nucleotidase* 的初始浓度均为 10^6CFU，在 37℃ 180r/min 培养，每隔 1h 取样，稀释涂板计数。根据计数结果计算出原菌液的 CFU。缺失菌株 SL1344Δ5′-*nucleotidase*、回复菌株 SL1344CΔ5′-*nucleotidase* 与亲本菌株 SL1344 的生长速度没有明显的差异，说明 5′-*nucleotidase* 基因缺失不影响生长速度。

4.3.9 5′*NT* 基因对鼠伤寒沙门菌运动性的影响

为探究 5′*NT* 基因对鼠伤寒沙门菌运动性的影响，将 3 菌株分别穿刺于 TSA 半固体培养基进行观察。结果如图 4-7 所示，平板上可以观察到 SL1344 和 SL134CΔ5′*NT* 均有明显的扩散情况，而 SL134Δ5′*NT* 周围扩散圈显著小于 SL1344 和 SL134CΔ5′*NT*（图 4-7A）。试管穿刺法可以更加直观地观察到菌株的运动情况。图中可以看出 3 菌株均具有运动性，但是 SL1344Δ5′*NT* 运动性显著小于 SL1344 和 SL134CΔ5′*NT*（图 4-7B）。本试验结果表明，鼠伤寒沙门菌体外运动能力与 5′*NT* 有关。

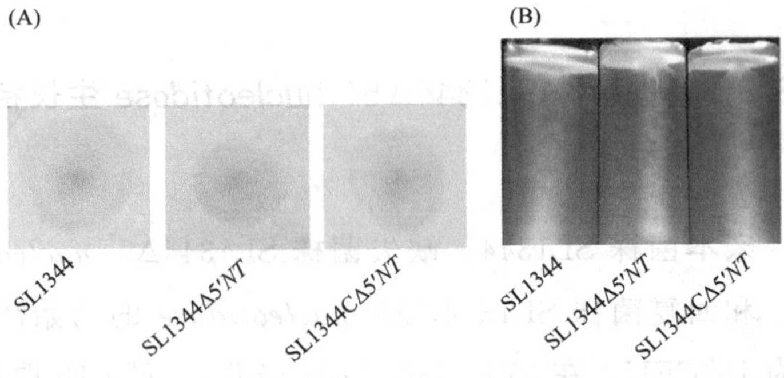

图 4-7 SL1344、SL1344Δ5′*NT* 和 SL1344CΔ5′*NT* 的运动性检测

(A) 半固体平板法；(B) 半固体试管穿刺法

4.3.10 缺失菌株的耐酸碱性和耐盐性检测

以 10^7CFU 分别将亲本菌株、缺失菌株、回复菌株转接至等量的不同 pH 的 LB 液体培养基中，在 37℃

180r/min 培养 12h，检测菌液的 OD_{600nm}。3 种菌株的 OD_{600nm} 无明显差异，均适宜在 pH5.0～9.0 生长繁殖，在强酸和强碱环境中基本不生长。同时，按照 10^7CFU 的量分别将 3 种菌株转接至等量不同 NaCl 浓度的 LB 液体培养基中，37℃ 180r/min 培养 12h，检测菌液的 OD_{600nm}。结果表明 3 种菌株对 NaCl 浓度的耐受性基本一致，在高浓度 NaCl 条件下各菌株的生长都受到抑制。

4.3.11 5′*NT* 基因对鼠伤寒沙门菌耐药性的影响

为探究 5′*NT* 基因缺失对野生株 SL1344 耐药性的影响，本试验测定了 SL1344、SL1344Δ5′*NT* 和 SL1344CΔ5′*NT* 菌株对 22 种抗生素的耐药性。将 WHO 提出的 K-B 纸片扩散法和美国临床实验室标准化协会手册（2009 版）作为判定标准。3 种菌株对氯霉素类、多黏菌素类和喹诺酮类及氟喹诺酮类敏感性均比较高；相比于 SL1344，SL1344Δ5′*NT* 对强力霉素和头孢噻肟更加敏感，而对新霉素和磺胺甲噁唑呈现不同程度的耐药性，表明 5′*NT* 基因缺失改变了 SL1344 对强力霉素、头孢噻肟、新霉素和磺胺甲噁唑的耐药性。

4.3.12 缺失菌株 SL1344Δ5′-*nucleotidase* 的生物被膜检测

为了研究缺失 5′-*nucleotidase* 基因是否会影响生

物被膜的形成，将 3 种菌株的等量菌液加到 96 孔板中置于 28℃ 培养 72h，染色处理后利用酶标仪测定 OD_{570nm}。结果如图 4-8 所示，与亲本菌株相比，缺失菌株的生物被膜有所增加，但差异不显著（$P>0.05$）。

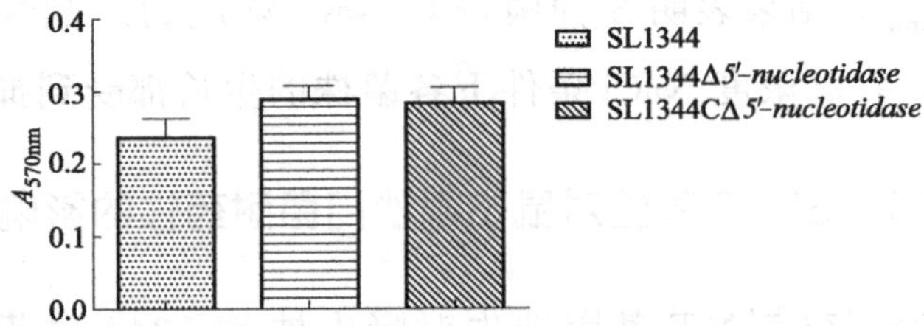

图 4-8　SL1344、SL1344Δ5′-*nucleotidase* 和 SL1344CΔ5′-*nucleotidase* 生物被膜形成的测定

4.3.13　缺失菌株对 HeLa 细胞的黏附和侵入试验

用亲本菌株 SL1344、缺失菌株 SL1344Δ5′-*nucleotidase* 以及回复菌株 SL1344CΔ5′-*nucleotidase* 感染 HeLa 上皮细胞，黏附和侵入结果如表 4-5 所示，缺失菌株及回复菌株对 Hela 细胞的黏附和侵入能力与亲本菌株相比有所下降，但差异不显著（$P>0.05$）。

表 4-5　菌株感染 HeLa 细胞的黏附率和侵入率

菌株	黏附率/%	侵入率/%
SL1344	0.4533 ± 0.044	0.1355 ± 0.061
SL1344Δ5′-*nucleotidase*	0.2783 ± 0.021	0.0960 ± 0.038
SL1344CΔ5′-*nucleotidase*	0.3800 ± 0.042	0.0928 ± 0.017

4.3.14　SL1344Δ5′-*nucleotidase* 缺失菌株毒力测定

小鼠经亲本菌株 SL1344、缺失菌株 SL1344Δ5′-*nucleotidase* 和回复菌株 SL1344CΔ5′-*nucleotidase* 口服感染后，剖检死亡小鼠发现典型沙门菌病变。按照各组小鼠的死亡情况，根据 Bliss 法计算 3 种菌株的 LD_{50} 结果。如表 4-6 所示，亲本菌株 SL1344、缺失菌株 SL1344Δ5′-*nucleotidase*、回复菌株 SL1344CΔ5′-*nucleotidase* 口服感染的 LD_{50} 分别为 8.44×10^5CFU、4.30×10^7CFU、4.08×10^6CFU，表明与亲本菌株相比，缺失菌株的毒力下降为原来的 1/51。

表 4-6　缺失菌株 SL1344Δ5′-*nucleotidase* 的毒力测定

菌株	剂量/CFU	总数	死亡小鼠数	半数致死量/LD_{50}
SL1344Δ 5′-*nucleotidase*	4.3×10^9	10	9	4.30×10^7
	4.3×10^8	10	6	
	4.3×10^7	10	5	
	4.3×10^6	10	4	
	4.3×10^5	10	1	
SL1344CΔ 5′-*nucleotidase*	2.5×10^8	10	7	4.08×10^6
	2.5×10^7	10	6	
	2.5×10^6	10	5	
	2.5×10^5	10	3	
	2.5×10^4	10	2	
SL1344	2.25×10^8	10	8	8.44×10^5
	2.25×10^7	10	6	
	2.25×10^6	10	4	
	2.25×10^5	10	3	
	2.25×10^4	10	1	
PBS	200μL	10	0	

4.3.15 缺失菌株免疫小鼠后血清中 IgG 含量的测定

参照 LD_{50} 的试验结果，以 1.0×10^5CFU 缺失菌株 SL1344Δ5′-*nucleotidase* 免疫小鼠，在二免后第 3d、7d、14d、21d、28d、35d 采血分离血清，按照 ELISA 检测方法测定血清中 IgG 抗体水平。结果显示试验组小鼠血清中的 IgG 含量始终高于对照组，且在第 3d、7d、14d、28d、35d 差异显著（$P<0.05$），第 21d 差异极显著（$P<0.01$），表明 SL1344Δ5′-*nucleotidase* 缺失菌株免疫小鼠能够一定程度上刺激小鼠产生体液免疫应答。如图 4-9 所示，缺失菌株免疫小鼠后，血清中 IgG 含量在二免后第 21d 达到最高，之后开始逐渐下降。

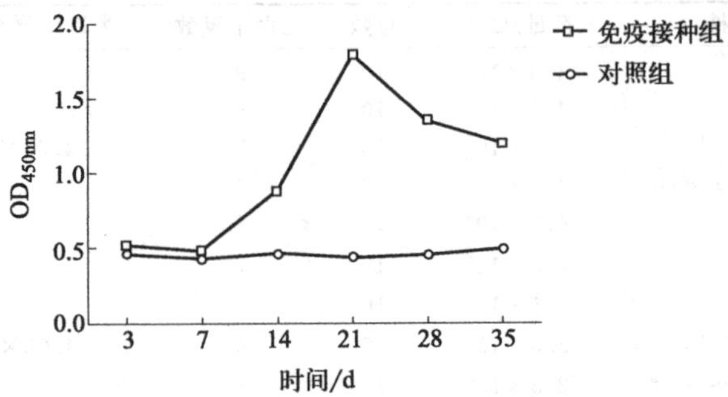

图 4-9 缺失菌株免疫小鼠的血清 IgG 检测

4.3.16 缺失菌株 SL1344Δ5′-*nucleotidase* 免疫保护率测定

参照 5.3.8 和 5.3.9 的结果选取合适的免疫浓度以

及免疫后攻毒时间，以 10^5CFU 缺失菌株免疫试验 1 组和试验 2 组小鼠，以 10^8CFU 的亲本菌株 SL1344 对试验 1 组和对照 1 组进行攻毒。结果如表 4-7 所示，试验 1 组在攻毒后还剩余 5 只小鼠一直存活到观察期结束，而对照 1 组的小鼠在攻毒后的 10 天内全部死亡，对照 2 组和试验 2 组的小鼠全部存活到观察期结束。由此得出 SL1344Δ5′-*nucleotidase* 缺失菌株对小鼠的免疫保护率为 50%。

表 4-7　免疫保护试验结果

组别	缺失菌株免疫	SL1344 株攻毒	存活数/总数	保护率/%
试验 1 组	1.0×10^5	1.0×10^8	5/10	50
试验 2 组	1.0×10^5	—	10/10	—
对照 1 组	—	1.0×10^8	0/10	—
对照 2 组	—	—	10/10	—

注：试验 1 组为免疫攻毒组，试验 2 组为免疫组，对照 1 组为攻毒组，对照 2 组为空白对照组。

4.3.17　缺失菌株的胞外蛋白核酸酶活性检测

通过将亲本菌株、缺失菌株、回复菌株的胞外蛋白加到含有 λDNA 与核酸染料的琼脂平板孔中，在 37℃ 反应 24h 进行核酸酶活性检测。于凝胶成像系统下观察到 3 种菌株的胞外蛋白都可降解 λDNA，且与 DNase Ⅰ 相似，但活性都没有 DNase Ⅰ 的强。三者相比，缺失菌

株胞外蛋白降解 λDNA 的能力最弱，亲本菌株最强（图 4-10）。

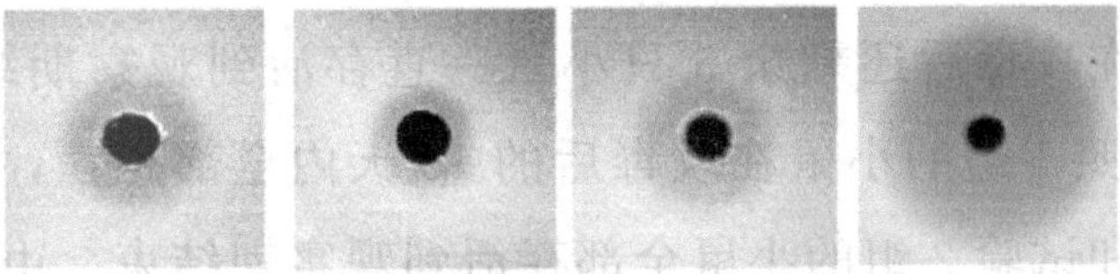

图 4-10 胞外蛋白的核酸酶活性检测

4.4 讨论

沙门菌在全球范围内分布广泛，能造成人类食物中毒和肠胃炎，严重时会引发全身性菌血症，严重时可威胁生命，是最常见人畜共患病原菌之一[102,103]。作为肠道致病菌，鼠伤寒沙门菌具有宿主非特异性，宿主范围特别广泛，存在于家禽、家畜、鸟类、鼠类及人类的肠道中[104]。近年来，世界各国感染鼠伤寒沙门菌的病例逐年递增[22]，因此，研究鼠伤寒沙门菌的致病机理以及相关毒力因子至关重要，找到防治鼠伤寒沙门菌的方法刻不容缓。但现有防治沙门菌的疫苗往往存在很多弊端，不能大量生产应用。例如弱毒疫苗会出现毒力返强、核酸重组、散毒等问题，而灭活疫苗不能激发黏膜免疫反应，且激发机体产生细胞免疫应答的效果较差，此外这些疫苗的成本都比较昂贵，使得推广应用受到阻碍[105]。研究人员致力于找到致病性低但仍保留有良好免疫原性和侵袭性的疫苗，研究发现利用基因工程技术敲除沙门菌的毒力基因达到减毒效果，显著降低了沙门菌对机体的致病性，而保留了自身的免疫原性，为开发新型疫苗提供了新思路。

研究发现核酸酶是一类重要的毒力因子，新型隐球菌、疟原虫、弗氏志贺氏菌、白色念珠菌、幽门螺杆菌等将核酸酶作为毒力因子[58~61]。最新研究表明核酸酶在病原微生物逃避 NETs 捕杀过程中发挥了重要作用[70,106]。病原微生物通过分泌各种核酸酶来降解 NETs 的 DNA 骨架，从而逃避胞外诱捕网的捕杀扩大感染。研究发现肺炎链球菌、GAS 和金黄色葡萄球菌都能通过分泌核酸酶抵抗胞外诱捕网对自身的杀伤，有助于逃避机体的防御机制，增强在宿主体内的存活能力[107]。此外，化脓性链球菌、铜绿假单胞菌、无乳链球菌、旋毛虫等也能利用核酸酶来降解 NETs 的 DNA 骨架，这些表明病原体的核酸酶是其感染和防御过程中的重要毒力因子[65,67,108]。5′-nucleotidase 是一种特殊的磷酸水解酶，在核酸酶分解代谢过程中发挥着重要作用，也是重要的毒力因子。病原菌通过 5′-nucleotidase 合成脱氧腺苷和腺苷以抑制宿主免疫反应，有助于逃避中性粒细胞的捕杀[89]，但是有关 5′-nucleotidase 在鼠伤寒沙门菌感染中的作用目前尚未有研究。

本研究构建缺失菌株所用的自杀性质粒 pRE112 有很多独特之处：首先是既含有正向选择的氯霉素（Cm）抗性基因，又含有反向选择的蔗糖敏感基因（sacB），有利于筛选。其次具有宿主选择特异性，由于 pRE112 含有 R6K 启动子，需要有 *pir* 基因编码的 π 蛋白才能复制，而其宿主菌大肠杆菌 χ7213 含有原噬菌体 λpir，上面携带 *pir* 基因，因此大肠杆菌 χ7213 就可以表达 π 蛋白。pRE112 的宿主菌大肠杆菌 χ7213 是营养缺陷型菌株，需要向培养基中添加 DAP 才能生长繁殖，有助于快速筛选。利用 pRE112 筛选突变株，方便、快速、高效、定位明确，有助于筛选出无抗性且具有遗传稳定性的缺失菌株，同时所得缺失菌株不仅对生物体其他遗传性状没有任何影响，而且能够在自然的生物体环境内生长繁殖，有利于研究某一特定基因的功能并推广应用[109]。在本研究中，以鼠伤寒沙门菌 SL1344 株为研究对象，以 5′-*nucleotidase* 为目的基因，采用接合转移的方法将重组自杀性质粒 pRE-Δ5′-*nucleotidase* 导入鼠伤寒沙门菌 SL1344 株中，利用自杀性质粒介导的同源重组技术，经两步法筛选出不含任何抗性的鼠伤寒沙门菌 SL1344 株的 5′-*nucleotidase* 基因缺失菌株。

鼠伤寒沙门菌是能造成人类食物中毒和肠胃炎的食源性病原菌，严重时能引发全身性菌血症并威胁生命。近年来有关鼠伤寒沙门菌感染的报道呈现逐年递增的趋势[16]，因此，关于沙门菌的致病机制以及毒力因子的研究备受关注。研究发现疟原虫、新型隐球菌、弗氏志贺菌、白色念珠菌以及幽门螺杆菌等都会产生核酸酶作为毒力因子[17-19]。最新研究表明核酸酶在病原菌逃避 NETs 捕杀的过程中发挥着重大作用[20,21]。霍乱弧菌在逃避 NETs 捕杀时可分泌两种核酸酶：Dns 和 Xds，它们在宿主体内可对抗 NETs 的捕杀[68]。淋病奈瑟菌分泌的核酸酶 Nuc 有助于其在感染期间逃避 NETs 的杀伤，是淋病奈瑟菌的多功能毒力因子[69]。利什曼原虫的前鞭毛体可以利用 3′ Nucleotidase/Nuclease 逃避 NETs 介导的杀伤[70]。旋毛虫、无乳链球菌、GAS、肺炎链球菌等病原微生物都能利用自身分泌的各种核酸酶来抵抗机体的免疫防御[65]。5′-nucleotidase 是一类重要的核酸酶，也是病原菌的重要毒力因子，5′-nucleotidase 能够催化水解 5′-核糖核苷酸、5′-脱氧核糖核苷酸以及复合核苷酸去磷酸化，将磷酸盐加到相应的核苷上。5′-nucleotidase 以细胞内或细胞膜结合的表面定位形式存在于各个物种中。可溶性 5′-nucleotidase 大部分属于卤代脱卤素酶超家族（HADSF），参与了核苷、核苷酸以及 NAD^+ 的调节过程。病原菌通过 5′-nucleotidase 抑制宿主免疫反应从而逃避 NETs，但是 5′-nucleotidase 在鼠伤寒沙门菌感染中的作用尚未有研究。因此，本研究在前期构建的缺失菌株 SL1344Δ5′-*nucle-*

otidase 和回复菌株 SL1344CΔ5′-*nucleotidase* 基础之上，对表型、血清型、生化特性、遗传稳定性、酸碱盐耐受性、生长特性、生物被膜形成、对 HeLa 细胞的黏附率和侵入率、小鼠的毒力检测（LD_{50}）、免疫小鼠 IgG 水平、对小鼠的免疫保护率以及核酸酶活性等生物学特性进行研究，为探究 5′-*nucleotidase* 基因在鼠伤寒沙门菌感染中的作用提供了依据。

结果显示缺失菌株的表型和血清型保持不变，生化特性、生长速度与亲本菌株保持一致，依然能利用葡萄糖、麦芽糖等产生气体，说明 5′-nucleotidase 不参与鼠伤寒沙门菌的营养代谢或者影响较小。将缺失菌株连续传 60 代，依然能稳定遗传缺失基因，这与自杀性质粒的特点密切相关。缺失菌株、回复菌株和亲本菌株对 HeLa 细胞的黏附和侵袭能力基本相同，表明 5′-*nucleotidase* 基因基本不影响该菌的侵袭能力。但是 SL1344Δ5′-*nucleotidase* 缺失菌株对小鼠的毒力明显降低，下降至亲本菌株的 1/51，表明 5′-*nucleotidase* 基因是鼠伤寒沙门菌 SL1344 株的毒力基因。此外用缺失菌株免疫小鼠后血清中 IgG 含量呈现先上升后下降的趋势，在二免后第 21d 达到最高，表明 SL1344Δ5′-*nucleotidase* 缺失菌株免疫小鼠能够一定程度上刺激小鼠产生体液免疫应答，这与陈松彪等报道的鼠伤寒沙门菌野毒株免疫后 IgG 水平于第 14～21d 达到最高水平基本一致[30]。此外 SL1344Δ5′-*nucleotidase* 缺失菌株免疫后野毒攻毒有 50%的免疫保护率，佐证了 SL1344Δ5′-*nucleotidase* 缺失菌株的免疫作用。回复菌株与亲本菌株生物学特性无显著差异，基本回复到野生菌水平。通过琼脂扩散法对 3 种菌株的胞外蛋白核酸酶活性进行检测，发现与亲本菌株相比，缺失菌株降解 DNA 的能力减弱。

4.5　小结

以鼠伤寒沙门菌 SL1344 株为亲本菌株，运用自杀性质粒 pRE112 介导的两步法同源重组技术，构建了鼠伤寒沙门菌缺失菌株 SL1344Δ5′-*nucleotidase*，并构建了其回复菌株 SL1344CΔ5′-*nucleotidase*。与亲本菌株相比，缺失菌株的表型、血清型、生长特性等生物学特性基本保持不变，菌株运动能力减弱，对不同抗生素的耐药性发生改变。但 5′-*nucleotidase* 基因缺失株的毒力明显降低，免疫小鼠后血清中 IgG 含量明显增高，且缺失菌株的核酸酶活性降低，为了解鼠伤寒沙门菌效应蛋白在致病过程中的分子机制奠定基础，也为进一步控制和预防鼠伤寒沙门菌的流行提供参考。

第5章

重组 5'-nucleotidase 核酸酶活性对 METs 的作用

先天免疫反应是所有动物和植物免疫系统的一个关键特征，且是一种快速的抗感染保护机制[110]。与先天免疫机制相关的 ETs 的形成在宿主防御中起着至关重要的作用。ETs 主要由免疫细胞释放，由 DNA 骨架、组蛋白和抗菌肽组成。它们在一定程度上可以捕获和杀死病原菌[111]。ETs 释放是宿主细胞控制和消除病原体的主要抗菌策略[112]。对此，细菌进化出防御策略即产生核酸酶来抵抗 ETs 的捕获和杀灭作用。核酸酶是大多数病原体中普遍存在的酶，分为胞内核酸酶和胞外核酸酶，其中胞外核酸酶在细菌适应性中具有截然不同的功能[65]。研究证实，3′-核苷酸酶/核酸酶可以帮助白色念珠菌逃避 NETs 介导的诱捕和杀灭作用[113]。牛结核分枝杆菌的主要核酸酶 MnuA[114]、无乳链球菌的核酸酶 A[65] 和血链球菌的细胞壁锚定核酸酶[115] 参与了 DNA 骨架的降解和对 NETs 抗菌活性的逃避。

本研究以 SL1344、SL1344Δ5′*NT* 和 SL1344CΔ5′*NT* 为研究对象，利用荧光显微镜观察 METs 的形成并探究 5′*NT* 对 METs 杀伤鼠伤寒沙门菌的影响，随后观察 r5′NT 对 METs 的影响，及其在 METs 杀伤缺失株中的作用。通过探究 5′NT 对 METs 作用，为进一步了解该基因在鼠伤寒沙门菌免疫逃避过程中的作用提供理论支撑。

5.1 材料

5.1.1 主要试剂

本试验用的主要试剂见表 5-1。

表 5-1 主要试剂

主要试剂	来源
细胞松弛素 D	上海源叶生物科技有限公司
Hoechst 33342 染色液	北京索莱宝科技有限公司
CCK-8 细胞凋亡检测试剂盒	上海碧云天生物技术有限公司
4%多聚甲醛固定液	生工生物工程(上海)股份有限公司
DMEM 高糖培养基	思拓凡生物科技有限公司
胰蛋白酶-EDTA 消化液	北京索莱宝科技有限公司
胎牛血清	浙江天杭生物科技股份有限公司

5.1.2 主要仪器设备

本试验用的主要仪器设备见表 5-2。

表 5-2 试验仪器

仪器名称	厂家
倒置荧光显微镜	上海蔡司光学仪器国际贸易有限公司
CO_2 恒温培养箱	常州恒隆仪器有限公司
单人双面净化工作台	尚净(北京)生物科技有限公司
全波段酶标仪	帝肯(上海)实验器材有限公司

5.1.3 主要培养基及配制

细胞完全培养基的配制：量取 89mL DMEM 高糖培养基，10mL 灭活后的胎牛血清以及 1mL 双抗，混匀后调节 pH 为 7.0，置于 4℃保存，现配现用。

不含双抗的细胞培养基：量取 90mL DMEM 高糖培养基与 10mL 灭活后的胎牛血清，混匀后置于 4℃保存，现配现用。

含庆大霉素的细胞培养基：量取 89mL 的 DMEM 高糖培养基、10mL 灭活后的胎牛血清以及 1mL 庆大霉素储存液（终浓度为 100μg/mL），混匀后置于 4℃保存。

胰酶消化液的配制：称取 0.25g 胰酶和 0.02g EDTA，加入 100mL 灭菌 PBS 溶液，混匀后放在 4℃搅拌 1～2h，用 0.22μm 无菌滤器过滤除菌，置于 4℃保存。

0.1% Triton X-100 溶液：向 100mL PBS 溶液中加入 100μL Triton X-100，充分混匀后，用 0.22μm 无菌滤器过滤除菌，置于 4℃保存。

5.2 方法

5.2.1　缺失菌株荧光显微镜观察 METs 的形成

将培养好的 RAW 264.7 巨噬细胞消化计数（5×10^5 个/孔），随后将细胞爬片放置在 12 孔细胞培养板中，加入细胞液后在 37℃、5% CO_2 培养箱培养 1h 以促进细胞黏附于细胞爬片。将 SL1344、SL1344Δ5′*NT* 和 SL1344CΔ5′*NT* 培养过夜，调整菌量一致后，以感染复数（MOI 为 100：1）与 RAW 264.7 细胞孵育 3h。其中仅用细胞培养基处理的 RAW 264.7 细胞作为阴性对照。孵育完成后，用无菌 PBS 轻柔洗涤 3 次，将 Hoechst 33342 染色液加入细胞孔中染色 20min。染色结束后洗涤 3 次并用 4%多聚甲醛固定，随后放在荧光显微镜下观察。

5.2.2　5′ *NT* 基因对 METs 杀伤鼠伤寒沙门菌的影响

将培养好的 RAW 264.7 消化计数（5×10^5 个/孔），随后吸取 1mL 加入 24 孔板培养 16h。待细胞达到 80%～90%，试验前 2h 换为 DMEM 基础培养基，补充浓度为 10μg/mL 的抑制剂细胞松弛素 D，然后将板重新孵育 30min 后，去除培养基补充 DMEM。将过夜培养的 SL1344、SL1344Δ5′*NT* 和 SL1344CΔ5′*NT*

稀释到 5×10^8，以 MOI=100∶1 加入孔中孵育 2h。用 0.5% Triton X-100 裂解 3min，收集裂解液，稀释涂布后进行菌落计数。杀菌活性百分比计算公式为（空白 CFU-实验组 CFU）/空白组 CFU×100%。

5.2.3 不同浓度 r5′NT 对巨噬细胞活力影响

将培养好的 RAW 264.7 消化计数，以 3×10^3 个/孔接种于 96 孔板。设置空白组和对照组，试验组添加不同浓度的 r5′NT。设置重组蛋白浓度为 25、50、100、150 和 200μg/mL，孵育 1h 后依次向每孔加入 CCK-8 试剂，置于 37℃、5% CO_2 培养箱中孵育 1h，取出 96 孔板，置于全波段酶标仪下检测 D_{450nm} 处吸光度。细胞活率（%）=[（试验组−空白组）/（对照组−空白组）]×100%。

5.2.4 不同孵育时间下 r5′NT 对巨噬细胞活力影响

培养好的 RAW 264.7 消化并计数，将 3×10^3 个/孔接种于 96 孔板。设置空白组和对照组，试验组添加浓度为 200μg/mL 的重组蛋白。设置孵育时间为 0.5、1 和 1.5h，加入 CCK-8 试剂后培养箱中孵育 1h，取出 96 孔板，置于全波段酶标仪下检测 $D_{450\ nm}$ 处吸光度。细胞活率（%）=[（试验组−空白组）/（对照组−空白组）]×100 %。

5.2.5　荧光显微镜观察 r5′NT 对 METs 的作用

将 RAW 264.7 巨噬细胞以 5×10^5 个/孔的密度接种于事先装有细胞爬升片的 12 孔细胞培养板中，在 37℃、5% CO_2 中培养 1h 以促进细胞黏附于细胞爬片。将 SL1344 和 SL1344Δ5′*NT* 培养过夜，调整菌量一致后，以感染复数（MOI 为 100∶1）与 RAW 264.7 细胞孵育 3h。仅含有巨噬细胞组为空白对照组，同时设置野生株处理组和缺失株处理组，在缺失株孔中加入 r5′NT 孵育 30min。随后洗涤 3 次，将 Hoechst 33342 染色液加入细胞孔中染色 20min。洗涤后用 4% 多聚甲醛固定，随后放在荧光显微镜下观察。

5.2.6　重组蛋白 r5′NT 对 METs 杀伤鼠伤寒沙门菌缺失株的影响

将培养好的 RAW 264.7 消化并计数（5×10^5），随后吸取 1mL 加入 24 孔板培养 16h。待细胞达到 80%～90%，试验前 2h 换为 DMEM 基础培养基，补充浓度为 10μg/mL 的抑制剂细胞松弛素 D，然后将板重新孵育 30min 后，去除培养基补充 DMEM。将培养过夜的 SL1344Δ5′*NT* 稀释到 5×10^8，以 MOI＝100∶1 加入细胞培养板中孵育 1h。然后加入重组蛋白于 37℃下孵育 30min，以 DNaseⅠ作为阳性对照。用

0.5% Triton X-100 裂解 3min，收集裂解液，倍比稀释后涂在 LB/LB+A 固体琼脂板上，培养过夜并对菌落进行计数。杀菌活性百分比计算公式为（空白 CFU－实验组 CFU）/空白组 CFU%。

5.3 结果

5.3.1 荧光显微镜观察 5′*NT* 基因对鼠伤寒沙门菌诱导 METs 形成的影响

为探究 5′*NT* 在 METs 形成过程中的作用，将 SL1344、SL1344Δ5′*NT* 和 SL1344CΔ5′*NT* 与 RAW 264.7 巨噬细胞共同孵育，利用荧光显微镜观察。结果如图 5-1 所示，野生株处理组可诱导少量的网状结构产

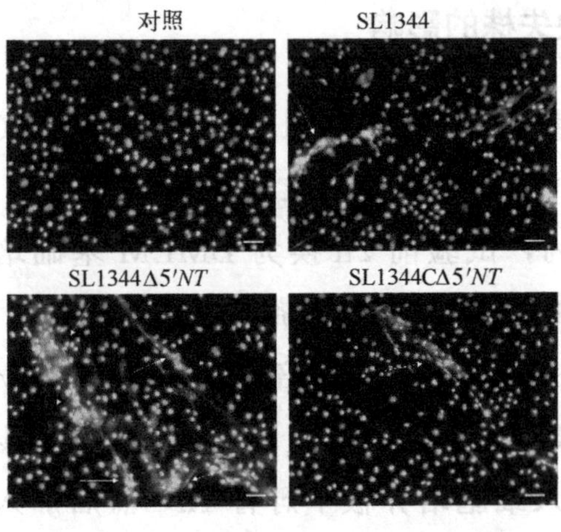

图 5-1 荧光显微镜观察 METs 的形成

生，与之相比，缺失株处理组可诱导大量的 METs 结构。表明 5′*NT* 缺失可促进 METs 形成。

5.3.2　5′ *NT* 基因对 METs 杀伤鼠伤寒沙门菌的影响

为进一步探究 5′*NT* 基因在 METs 杀伤鼠伤寒沙门菌中的作用，采用细胞松弛素 D 抑制巨噬细胞吞噬活性，通过平板计数法计算 METs 杀菌率。结果如图 5-2 所示，与野生株处理组相比缺失株处理组存活率显著增加，约 50％的 SL1344Δ5′*NT*、30％的 SL1344 和 20％的 SL1344CΔ5′*NT* 被杀死，表明 5′*NT* 基因缺失促进 METs 对菌株的杀伤作用。

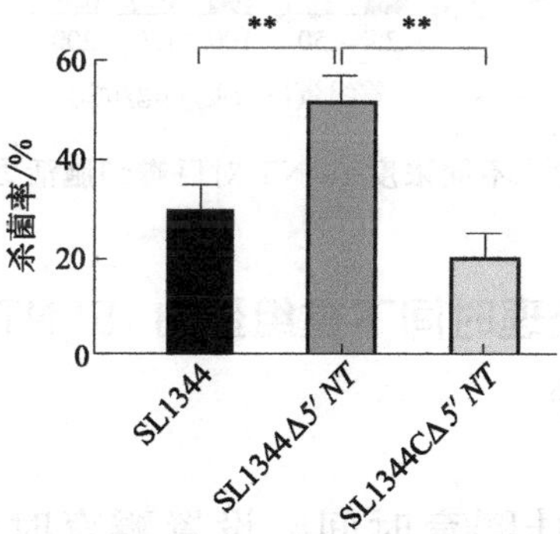

图 5-2　5′*NT* 基因对 METs 杀伤鼠伤寒沙门菌的影响

（** 表示差异极显著，$P<0.01$）

5.3.3　不同浓度重组蛋白 r5′ NT 对巨噬细胞活力影响

为进一步检测 r5′NT 对 METs 的影响，首先探究

r5′NT 不影响巨噬细胞活力的最佳浓度选择。结果如图 5-3 所示，r5′NT 浓度为 25、50 和 100μg/mL 时巨噬细胞活力保持一致，随着蛋白浓度逐渐增加，细胞活力逐渐下降，但在重组蛋白浓度为 200μg/mL 时，细胞活力仍可以达到 95%以上。表明在巨噬细胞中添加终浓度为 200μg/mL 的重组蛋白对巨噬细胞活力影响较小。

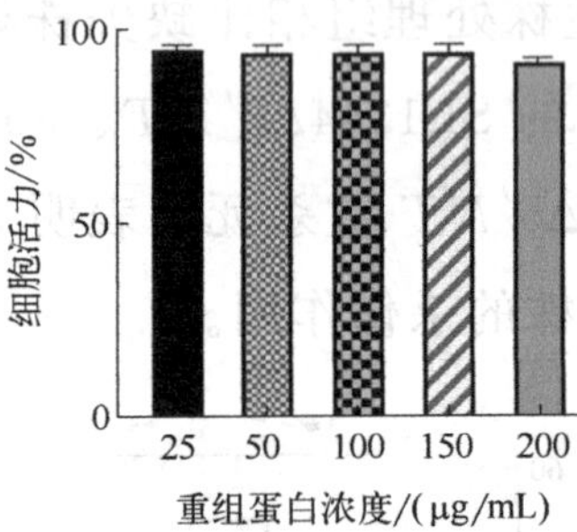

图 5-3　不同浓度 r5′NT 对巨噬细胞活力影响

5.3.4　不同处理时间下重组蛋白 r5′NT 对巨噬细胞活力影响

为确定最佳孵育时间，设置孵育时间分别为 0.5、1 和 1.5h 并检测巨噬细胞的活力。结果如图 5-4 所示，在蛋白浓度为 200μg/mL 时随着孵育时间增加，细胞活力显著下降，在孵育 1h 时细胞活力下降到 90%左右。为了后期试验中尽量减少 r5′NT 对巨噬细胞的影响，随后试验采用孵育时间为 0.5h。

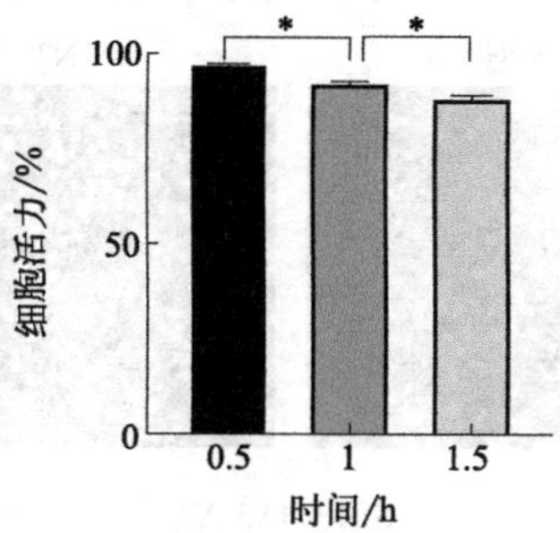

图 5-4 不同处理时间下 r5′NT 对巨噬细胞活力影响

（* 表示差异显著，$P<0.05$）

5.3.5 荧光显微镜观察重组蛋白 r5′NT 对 METs 的作用

将重组蛋白加入 SL1344Δ5′*NT* 组，用荧光显微镜观察重组蛋白对 METs（图 5-5）是否有降解作用。结果表明，经 r5′NT 处理后，SL1344Δ5′*NT* 诱导的 METs 明显减少，SL1344 组仅有少量的诱导 METs，空白对照组和仅 r5′NT 组无 METs 产生。结果表明 r5′NT 可对 METs 起到降解作用。

5.3.6 重组蛋白 r5′NT 对 METs 杀伤鼠伤寒沙门菌缺失株的影响

为了检测 r5′NT 对 METs 杀菌活性的影响，探究了 METs 对 SL1344Δ5′*NT* 的杀菌活性（图 5-6）。SL1344Δ5′*NT* 经 r5′NT 处理后存活率显著提高，杀菌

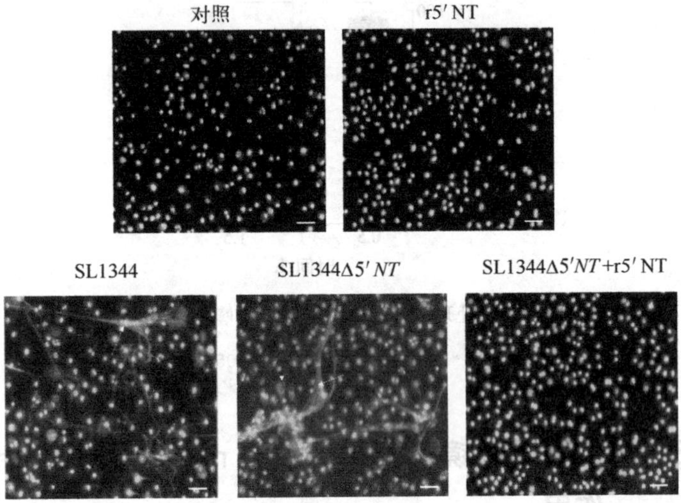

图 5-5　荧光显微镜观察 r5′NT 对 METs 的作用

率与 DNase Ⅰ 处理相当。结果表明，r5′NT 具有与 DNaseⅠ相当的 METs 降解活性，并能使 SL1344Δ5′*NT* 逃避 METs 的杀伤。

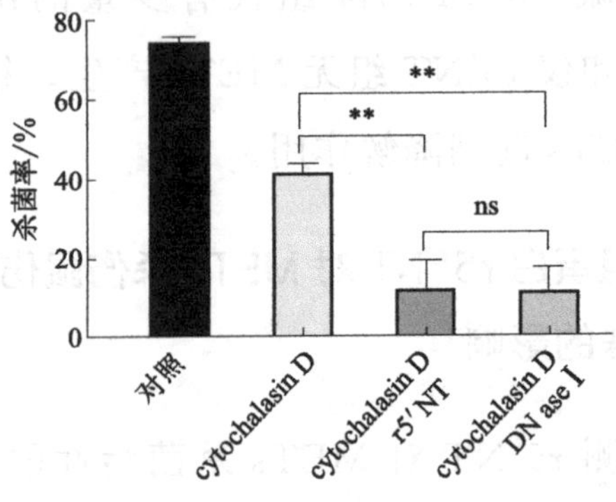

图 5-6　r5′NT 对 METs 杀伤鼠伤寒沙门菌缺失株的影响

（** 表示差异极显著，$P<0.01$）

5.4 讨论

巨噬细胞释放的METs在对抗病原体传播中发挥着关键作用。多种促炎因子能激活巨噬细胞释放METs，包括肽聚糖、LPS、佛波醇酯等。许多研究发现METs释放主要由某些革兰阴性菌触发，其中包括大肠杆菌[116]、牙龈卟啉单胞菌[117]、非分型流感病毒[118]和鼠伤寒沙门菌[119]。METs能够利用组蛋白和DNA纤维骨架控制病原菌在感染部位的进一步扩散，并且METs还黏附着许多抗菌颗粒，对捕获的病原菌进行杀伤。本研究通过探究$5'NT$基因对鼠伤寒沙门菌诱导METs形成的影响以及r5′NT在此过程中发挥的作用，为进一步探究5′NT在鼠伤寒沙门菌免疫逃避中的作用提供理论支撑。

野生型大肠杆菌菌株C1845感染中性粒细胞PLB-985后可产生NETs，NETs具有能杀死病原体的抗微生物肽、组蛋白和蛋白酶组成的核质骨架，能够捕获、固定和杀死C1845细菌[120]。有研究发现小鼠J774A.1巨噬细胞系和腹膜巨噬细胞在大肠杆菌刺激下可形成类似METs样结构，该结构由DNA和组蛋白、髓过氧化物酶和溶菌酶等杀菌蛋白组成，可以在感染部位捕获入侵的微生物，阻止其扩散，但不能杀死微生物，且过量

METs样结构的形成可能会破坏巨噬细胞的正常功能[121]。本研究观察到 SL1344Δ5′*NT* 触发巨噬细胞释放的 METs 比野生株 SL1344 和 SL1344CΔ5′*NT* 多。有研究发现含有 5′-nucleotidase 的鼠伤寒沙门菌胞外分泌蛋白具有很强的 DNA 降解活性[122]。试验利用荧光 DNA 结合染料对野生株产生的 METs 进行观察，发现重组蛋白降解了野生株产生的 METs。随后用细胞松弛素 D 抑制巨噬细胞的吞噬作用，区分 METs 和巨噬细胞吞噬作用导致的杀伤作用。大肠杆菌和白色念珠菌可以诱导形成 METs 样结构，这种结构对大肠杆菌有杀灭作用而对白色念珠菌无杀灭作用，表明 METs 样结构的杀微生物活性有限[121]。在本研究中，METs 对 SL1344Δ5′*NT* 的杀伤作用更为显著，提示 5′NT 有利于菌株逃避 METs 介导的杀伤。

5′-nucleotidase 作为一种潜在的毒力因子，通过增加抗炎腺苷的浓度促进免疫逃逸，但它也能裂解 ETs 并促进病原体逃逸[77,123]。在以往的研究中，链球菌诱导中性粒细胞释放 NETs，并被该结构捕获。随后链球菌释放核酸酶 A 降解 NETs，从而抑制 NETs 的抗菌活性[124]。马链球菌 rENuc 和 r5Nuc 被发现降解 NETs 的 DNA 主链并释放脱氧腺苷，这可能导致巨噬细胞损伤并促进感染[65]。与 SL1344Δ5′*NT* 相比，r5′NT 处理后减少了 METs 的产生，显示出较少的网状结构。

同时，加入 r5′NT 后，SL1344Δ5′*NT* 的存活率提高，表明该蛋白能降解 METs，并促进病原菌逃脱 METs 的诱捕和杀灭作用。

5.5　小结

与亲本菌株相比，缺失菌株的表型、血清型、生长特性等生物学特性基本保持不变，但其毒力明显降低，免疫小鼠后血清中 IgG 含量明显升高，且缺失菌株的核酸酶活性降低，为了解鼠伤寒沙门菌效应蛋白在致病过程中的分子机制奠定基础，也为进一步控制和预防鼠伤寒沙门菌的流行提供参考。

第 6 章

结　论

（1）鼠伤寒沙门菌 SL1344 株分泌的胞外蛋白具有降解 λDNA 的核酸酶活性，通过 SDS-PAGE 核酸酶酶谱法结合 LC-ESI/MS/MS 技术筛选鉴定出具有活性的核酸酶。

（2）成功克隆了鼠伤寒沙门菌 5′-*nucleotidase* 基因，对其进行生物信息学分析，构建体外原核表达菌株 Rosetta（pET-32a-5′-*nucleotidase*），通过诱导表达、纯化获得重组 5′-nucleotidase 蛋白，鼠伤寒沙门菌 r5′NT 可溶性表达的最适条件为 20℃、0.5mmol/L IPTG 和诱导 6h。r5′NT 对 λDNA 有降解活性，且核酸酶活性的最适温度为 37℃，最适 pH 为 6.0～7.0。Mg^{2+} 存在时核酸酶活性得到促进，高浓度 Zn^{2+} 对核酸酶活性有抑制作用。

（3）成功构建了不含有任何抗生素标记的鼠伤寒沙

门菌 5′-*nucleotidase* 基因缺失菌株，并构建了回复菌株 SL1344CΔ5′-*nucleotidase*。与亲本菌株 SL1344 相比，缺失菌株 SL1344Δ5′-*nucleotidase* 的生化特性和生长速度等基本保持不变，遗传稳定，但其毒力发生了明显的降低，且具有免疫原性。5′*NT* 基因缺失后菌株运动能力减弱且对紫外线和苯扎溴铵更为敏感。5′*NT* 基因缺失改变了 SL1344 对强力霉素、头孢噻肟、新霉素和磺胺甲噁唑的耐药性。回复菌株与亲本菌株的生物学特性无显著差异，基本恢复到野生菌水平，缺失 5′-*nucleotidase* 基因后核酸酶活性减弱。

（4）5′*NT* 基因缺失有利于 METs 的形成，且杀菌活性检测发现 5′*NT* 基因缺失促进 METs 对菌株的杀伤。r5′NT 可以降解 METs 并促进 SL1344Δ5′*NT* 逃避 METs 的杀伤作用。

附 录

中英文符号对照表

中英文符号对照表

符号简写	符号全称(英文)	符号全称(中文)
s	Second	秒
min	Minute	分
h	Hour	小时
mL	Milliliter	毫升
mg	Milligram	毫克
μL	Microliter	微升
μg	Microgram	微克
r/min	Rotation per minute	每分钟转速
bp	Base pair	碱基对
OD	Optical density	光密度
wt	Wide type	野生型
LB	Luria bertani	LB 培养基
dNTP	Deoxyrine diamine triphoshate	脱氧核糖核苷三磷酸
DNase Ⅰ	Deoxyribonucleas Ⅰ	脱氧核糖核酸内切酶Ⅰ
Tris	Tres(hydroxymethyl) aminomethane	三(羟甲基)氨基甲烷

续表

符号简写	符号全称(英文)	符号全称(中文)
CFU	Colony forming units	菌落形成单位
ku	Kilo-dalton	千道尔顿
LD_{50}	Median lethal dose	半数致死量
PBS	Phosphate bufferd saline	磷酸盐缓冲液
DAP	Diaminopimelic acid	二氨基庚二酸
Cm	Chloramphenicol	氯霉素
Amp	Amplicillin	氨苄青霉素
PCR	Polymerase chain reaction	聚合酶链式反应
dNTP	Deoxyrine diamine triphoshate	脱氧核糖核苷三磷酸
SUC	Sucrose	蔗糖
SDS	Sodium dodecylsulphate	十二烷基硫酸钠

参考文献

[1] Coburn B, Grassl G A, Finlay B B. *Salmonella*, the host and disease: a brief review [J]. Immunology and Cell Biology, 2007, 85 (2): 112-118.

[2] Malik-Kale P, Jolly C E, Lathrop S, et al. *Salmonella*-at home in the host cell [J]. Frontiers in Microbiology, 2011, 2: 125.

[3] Wang W, Baloch Z, Zou M, et al. Complete Genomic Analysis of a *Salmonella enterica serovar Typhimurium* isolate cultured from ready-to-eat pork in China carrying 0ne large plasmid containing mcr-1 [J]. Frontiers in Microbiology, 2018, 9: 616.

[4] Kurtz J R, Goggins J A, Mclachlan J B. *Salmonella* infection: interplay between the bacteria and host immune system [J]. Immunology Letters, 2017, 190: 42-50.

[5] 梁炎，何燕，王婷．从业人员沙门氏菌的血清型分布调查 [J]．临床检验杂志，2019，8 (2)：6-7.

[6] Dos Santos A M P, Ferrari R G, Conte-Junior C A. Virulence Factors in Salmonella *Typhimurium*: the sagacity of a bacterium [J]. Current Microbiology, 2019, 76 (6): 762-773.

[7] Pearson J S, Giogha C, Ong S Y, et al. A type III effector antagonizes death receptor signalling during bacterial gut infection [J]. Nature, 2013, 501 (7466): 247-251.

[8] 赵维芯，胡茂志，李红英，等．沙门菌Ⅲ型分泌系统研究进展 [J]．动物医学进展，2016，37 (7)：84-80.

[9] 殷俊磊，李求春，焦新安．沙门菌致病岛 2 Ⅲ型分泌系统研究进展 [J]．微生物学报，2015，56 (4)：561-569.

[10] Chen S, Zhang C, Liao C, et al. Deletion of invasion protein B in *Salmonella enterica serovar Typhimurium* influences bacterial invasion and

virulence [J]. Current Microbiology, 2015, 71 (6): 687-692.

[11] Feasey N A, Dougan G, Kingsley R A, et al. Invasive non-typhoidal *Salmonella* disease: an emerging and neglected tropical disease in Africa [J]. Lancet, 2012, 379 (9835): 2489-2499.

[12] Dougan G, Baker S. *Salmonella enterica serovar Typhi* and the pathogenesis of typhoid fever [J]. Annual Review of Microbiology, 2014, 68: 317-336.

[13] Antillon M, Warren J L, Crawford F W, et al. The burden of typhoid fever in low-and middle-income countries: A meta-regression approach [J]. PLOS Neglected Tropical Diseases, 2017, 11 (2): e0005376.

[14] Fabrega A, Vila J. *Salmonella enterica serovar Typhimurium* skills to succeed in the host: virulence and regulation [J]. Clinical Microbiology Reviews, 2013, 26 (2): 308-341.

[15] Wolk D M, Clark A E. Matrix-assisted laser desorption time of flight mass spectrometry [J]. Clinics in Laboratory Medicine, 2018, 38 (3): 471-486.

[16] Founou L L, Amoako D G, Founou R C, et al. Antibiotic resistance in food animals in Africa: a systematic review and meta-analysis [J]. Microbial Drug Resistance, 2018, 24 (5): 648-665.

[17] 邵丽娜，冯博，廖野，等．鼠李糖乳杆菌在防御鼠伤寒沙门菌感染中的保护作用 [J]．中国兽药杂志，2019, 53 (1): 13-18.

[18] Broz P, Monack D M. Molecular mechanisms of inflammasome activation during microbial infections [J]. Immunological Reviews, 2011, 243 (1): 174-190.

[19] Arpaia N, Godec J, Lau L, et al. TLR signaling is required for *Salmonella Typhimurium* virulence [J]. Cell, 2011, 144 (5): 675-688.

[20] Broz P, Von Moltke J, Jones J W, et al. Differential requirement for Caspase-1 autoproteolysis in pathogen-induced cell death and cytokine processing [J]. Cell Host Microbe, 2010, 8 (6): 471-483.

[21] 于水星．MLKL 在鼠伤寒沙门菌黏膜感染中的作用及机制研究 [J]．长春：吉林大学，2018.

[22] Lathrop S K, Binder K A, Starr T, et al. Replication of *Salmonella enterica serovar Typhimurium* in human monocyte-derived macrophages [J]. Infection and Immunity, 2015, 83 (7): 2661-2671.

[23] 王晓利，廖成水，路霞，等．鼠伤寒沙门菌重组鞭毛蛋白对巨噬细胞细胞

因子与氧化/抗氧化水平的影响［J］. 中国预防兽医学报，2018，40（6）：528-533.

［24］ Veeraraghavan B，Jacob J J，Prakash J a J，et al. Extensive drug resistant *Salmonella enterica serovar Senftenberg* carrying blaNDM encoding plasmid p5558（IncA/C） from India［J］. Pathogens and Global Health，2019，113（1）：20-26.

［25］ Godinez I，Raffatellu M，Chu H，et al. Interleukin-23 orchestrates mucosal responses to *Salmonella enterica serotype Typhimurium* in the intestine［J］. Infection and Immunity，2009，77（1）：387-398.

［26］ Raffatellu M，Santos R L，Verhoeven D E，et al. Simian immunodeficiency virus-induced mucosal interleukin-17 deficiency promotes *Salmonella* dissemination from the gut［J］. Nature Medicine，2008，14（4）：421-428.

［27］ Srikumar S，Kroger C，Hebrard M，et al. RNA-seq brings new insights to the intra-macrophage transcriptome of *Salmonella Typhimurium*［J］. PLoS Pathogens，2015，11（11）：e1005262.

［28］ Eswarappa S M，Negi V D，Chakraborty S，et al. Division of the *Salmonella*-containing vacuole and depletion of acidic lysosomes in *Salmonella*-infected host cells are novel strategies of *Salmonella enterica* to avoid lysosomes［J］. Infection and Immunity，2010，78（1）：68-79.

［29］ Helaine S，Cheverton A M，Watson K G，et al. Internalization of *Salmonella* by macrophages induces formation of nonreplicating persisters［J］. Science，2014，343（6167）：204-208.

［30］ Helaine S，Thompson J A，Watson K G，et al. Dynamics of intracellular bacterial replication at the single cell level［J］. Proceedings of the National Academy of Sciences of the United States of America，2010，107（8）：3746-3751.

［31］ Saliba A E，Li L，Westermann A J，et al. Single-cell RNA-seq ties macrophage polarization to growth rate of intracellular *Salmonella*［J］. Nature Microbiology，2016，2：16206.

［32］ Crump J A，Sjolund-Karlsson M，Gordon M A，et al. Epidemiology，clinical presentation，laboratory diagnosis，antimicrobial resistance，and antimicrobial management of invasive *Salmonella* infections［J］. Clinical Microbiology Reviews，2015，28（4）：901-937.

［33］ Buckle G C，Walker C L，Black R E. Typhoid fever and paratyphoid fever: systematic review to estimate global morbidity and mortality for 2010 [J] . Journal of Global Health, 2012, 2 (1) : 010401.

[34] Gal-Mor O, Boyle E C, Grassl G A. Same species, different diseases: how and why typhoidal and non-typhoidal *Salmonella enterica serovars* differ [J] . Frontiers in Microbiology, 2014, 5: 391.

[35] Scallan E, Hoekstra R M, Angulo F J, et al. Foodborne illness acquired in the United States--major pathogens [J] . Emerging Infectious Diseases, 2011, 17 (1) : 7-15.

[36] Ao T T, Feasey N A, Gordon M A, et al. Global burden of invasive nontyphoidal *Salmonella* disease, 2010 (1) [J] . Emerging Infectious Diseases, 2015, 21 (6) : 941-949.

[37] Cabello F. Typhoid Fever in Chile [J] . American Journal of Tropical Medicine and Hygiene, 2018, 99 (6) : 1649-1650.

[38] Haselbeck A H, Panzner U, Im J, et al. Current perspectives on invasive nontyphoidal *Salmonella* disease [J] . Current Opinion in Infectious Diseases, 2017, 30 (5) : 498-503.

[39] Bhutta Z A, Threlfall J. Addressing the global disease burden of typhoid fever [J] . Journal of the American Medical Association, 2009, 302 (8) : 898-899.

[40] Matamouros S, Miller S I. S. *Typhimurium* strategies to resist killing by cationic antimicrobial peptides [J] . Biochimica et Biophysica Acta-Biomembranes, 2015, 1848 (11 Pt B) : 3021-3025.

[41] Capalonga R, Ramos R C, Both J M, et al. *Salmonella* serotypes, resistance patterns, and food vehicles of salmonellosis in southern Brazil between 2007 and 2012 [J] . Journal of Infection in Developing Countries, 2014, 8 (7) : 811-817.

[42] Pribul B R, Festivo M L, De Souza M M, et al. Characterization of quinolone resistance in *Salmonella* spp. isolates from food products and human samples in Brazil [J] . Brazilian Journal of Microbiology, 2016, 47 (1) : 196-201.

[43] Switt A I, Soyer Y, Warnick L D, et al. Emergence, distribution, and molecular and phenotypic characteristics of *Salmonella enterica* serotype4, 5, 12: i [J]. Foodborne Pathogens and Disease, 2009, 6 (4) : 407-415.

[44] Binnenkade L, Kreienbaum M, Thormann K M. Characterization of ExeM,

an extracellular nuclease of *Shewanella oneidensis* MR-1 [J] . Frontiers in Microbiology, 2018, 9: 1761.

[45] Steczkiewicz K, Muszewska A, Knizewski L, et al. Sequence, structure and functional diversity of PD-(D/E) XK phosphodiesterase superfamily [J] . Nucleic Acids Research, 2012, 40 (15) : 7016-7045.

[46] Majorek K A, Dunin-Horkawicz S, Steczkiewicz K, et al. The RNase H-like superfamily: new members, comparative structural analysis and evolutionary classification [J] . Nucleic Acids Research, 2014, 42 (7) : 4160-4179.

[47] Yang W. Nucleases: diversity of structure, function and mechanism [J] . Quarterly Reviews of Biophysics, 2011, 44 (1) : 1-93.

[48] Chowdhury D, Beresford P J, Zhu P, et al. The exonuclease TREX1 is in the SET complex and acts in concert with NM23-H1 to degrade DNA during granzyme A-mediated cell death [J] . Molecular Cell, 2006, 23 (1) : 133-142.

[49] Falquet B, Rass U. Structure-specific endonucleases and the resolution of chromosome underreplication [J] . Genes (Basel) , 2019, 10 (3) .

[50] Reha-Krantz L J. DNA polymerase proofreading: Multiple roles maintain genome stability [J] . Biochimica et Biophysica Acta-Biomembranes, 2010, 1804 (5) : 1049-1063.

[51] Mimitou E P, Symington L S. DNA end resection: many nucleases make light work [J] . DNA Repair (Amst) , 2009, 8 (9) : 983-995.

[52] Schoeffler A J, Berger J M. DNA topoisomerases: harnessing and constraining energy to govern chromosome topology [J] . Quarterly Reviews of Biophysics, 2008, 41 (1) : 41-101.

[53] Moore M J, Proudfoot N J. Pre-mRNA processing reaches back to transcription and ahead to translation [J] . Cell, 2009, 136 (4) : 688-700.

[54] Nowotny M, Yang W. Structural and functional modules in RNA interference [J] . Current Opinion in Structural Biology, 2009, 19 (3) : 286-293.

[55] Sorek R, Kunin V, Hugenholtz P. CRISPR—a widespread system that provides acquired resistance against phages in bacteria and archaea [J] . Nature Reviews Microbiology, 2008, 6 (3) : 181-186.

[56] Parrish J Z, Xue D. Cuts can kill: the roles of apoptotic nucleases in cell death and animal development [J] . Chromosoma, 2006, 115 (2) :

89-97.

[57] Stephenson J B. Aicardi-Goutieres syndrome (AGS) [J]. European Journal of Paediatric Neurology, 2008, 12 (5): 355-358.

[58] Kim J M, Choe M H, Asaithambi K, et al. *Helicobacter pylori* HP0425 targets the nucleus with DNase I-like activity [J]. Helicobacter, 2016, 21 (3): 218-225.

[59] Sanchez M, Colom F. Extracellular DNase activity of *Cryptococcus neoformans* and *Cryptococcus gattii* [J]. Revista Iberoamericana de Micologia, 2010, 27 (1): 10-13.

[60] De Paula Menezes R, De Melo Riceto E B, Borges A S, et al. Evaluation of virulence factors of Candida albicans isolated from HIV-positive individuals using HAART [J]. Archives of Oral Biology, 2016, 66: 61-65.

[61] Tran T M, Macintyre A, Hawes M, et al. Escaping underground NETs: extracellular DNases degrade plant extracellular traps and contribute to virulence of the plant pathogenic bacterium *Ralstonia solanacearum* [J]. PLoS Pathogens, 2016, 12 (6): e1005686.

[62] Zawrotniak M, Rapala-Kozik M. Neutrophil extracellular traps (NETs) -formation and implications [J]. Acta Biochimica Polonica, 2013, 60 (3): 277-284.

[63] Brinkmann V, Reichard U, Goosmann C, et al. Neutrophil extracellular traps kill bacteria [J]. Science, 2004, 303 (5663): 1532-1535.

[64] Altincicek B, Stotzel S, Wygrecka M, et al. Host-derived extracellular nucleic acids enhance innate immune responses, induce coagulation, and prolong survival upon infection in insects [J]. Journal of Immunology, 2008, 181 (4): 2705-2712.

[65] Derre-Bobillot A, Cortes-Perez N G, Yamamoto Y, et al. Nuclease A (Gbs0661), an extracellular nuclease of *Streptococcus agalactiae*, attacks the neutrophil extracellular traps and is needed for full virulence [J]. Mol Microbiol, 2013, 89 (3): 518-531.

[66] Buchanan J T, Simpson A J, Aziz R K, et al. DNase expression allows the pathogen group A *Streptococcus* to escape killing in neutrophil extracellular traps [J]. Curr Biol, 2006, 16 (4): 396-400.

[67] Shan Q, Dwyer M, Rahman S, et al. Distinct susceptibilities of corneal *Pseudomonas aeruginosa* clinical isolates to neutrophil extracellular trap-mediated immunity [J]. Infection and Immunity, 2014, 82 (10):

4135-4143.

[68] Seper A, Hosseinzadeh A, Gorkiewicz G, et al. Vibrio cholerae evades neutrophil extracellular traps by the activity of two extracellular nucleases [J]. PLoS Pathogens, 2013, 9 (9): e1003614.

[69] Juneau R A, Stevens J S, Apicella M A, et al. A thermonuclease of Neisseria gonorrhoeae enhances bacterial escape from killing by neutrophil extracellular traps [J]. Journal of Infectious Diseases, 2015, 212 (2): 316-324.

[70] Guimaraes-Costa A B, Desouza-Vieira T S, Paletta-Silva R, et al. 3′-nucleotidase/nuclease activity allows *Leishmania parasites* to escape killing by neutrophil extracellular traps [J]. Infection and Immunity, 2014, 82 (4): 1732-1740.

[71] Thammavongsa V, Missiakas D M, Schneewind O. *Staphylococcus aureus* degrades neutrophil extracellular traps to promote immune cell death [J]. Science, 2013, 342 (6160): 863-866.

[72] Von Kockritz-Blickwede M, Goldmann O, Thulin P, et al. Phagocytosis-independent antimicrobial activity of mast cells by means of extracellular trap formation [J]. Blood, 2008, 111 (6): 3070-3080.

[73] 刘新，传良敏，邓君，等. 5′-核苷酸酶在肝脏疾病诊断中的应用 [J]. 淮海医药，2006, 2: 98-99.

[74] 张梦珂，廖成水，毛福超，等. 鼠伤寒沙门菌 5′-nucleotidase 基因的序列特征及其蛋白核酸酶活性分析 [J]. 中国预防兽医学报，2018, 40 (8): 675-679.

[75] 栾春艳，邓丹琪. 胞外 5′-核苷酸酶在鳞状细胞癌、恶性黑素瘤中的作用及意义 [J]. 皮肤病与性病，2017, 39 (5): 330-332.

[76] Johanns M, Kviklyte S, Chuang S J, et al. Genetic deletion of soluble 5′-nucleotidase Ⅱ reduces body weight gain and insulin resistance induced by a high-fat diet [J]. Molecular Genetics and Metabolism, 2019.

[77] Dangel M L, Dettmann J C, Hasselbarth S, et al. The 5′-nucleotidase S5nA is dispensable for evasion of phagocytosis and biofilm formation in *Streptococcus pyogenes* [J]. PLoS One, 2019, 14 (1): e0211074.

[78] Borowiec A, Lechward K, Tkacz-Stachowska K, et al. Adenosine as a metabolic regulator of tissue function: production of adenosine by cytoplasmic 5′-nucleotidases [J]. Acta Biochimica Polonica, 2006, 53 (2): 269-278.

[79] Kordass T, Osen W, Eichmuller S B. Controlling the immune suppressor: transcription factors and microRNAs regulating CD73/NT5E [J]. Frontiers in Immunology, 2018, 9: 813.

[80] Kalekar L A, Schmiel S E, Nandiwada S L, et al. CD4+ T cell anergy prevents autoimmunity and generates regulatory T cell precursors [J]. Nature Immunology, 2016, 17 (3): 304-314.

[81] Kalekar L A, Mueller D L. Relationship between CD4 regulatory T cells and anergy in vivo [J]. Journal of Immunology, 2017, 198 (7): 2527-2533.

[82] Burghoff S, Gong X, Viethen C, et al. Growth and metastasis of B16F10 melanoma cells is not critically dependent on host CD73 expression in mice [J]. BMC Cancer, 2014, 14: 898.

[83] Young A, Ngiow S F, Barkauskas D S, et al. Co-inhibition of CD73 and A2AR adenosine signaling improves anti-tumor immune responses [J]. Cancer Cell, 2016, 30 (3): 391-403.

[84] Allard B, Beavis P A, Darcy P K, et al. Immunosuppressive activities of adenosine in cancer [J]. Current Opinion in Pharmacology, 2016, 29: 7-16.

[85] Firon A, Dinis M, Raynal B, et al. Extracellular nucleotide catabolism by the Group B *Streptococcus ectonucleotidase* NudP increases bacterial survival in blood [J]. Journal of Biological Chemistry, 2014, 289 (9): 5479-5489.

[86] Idzko M, Ferrari D, Eltzschig H K. Nucleotide signalling during inflammation [J]. Nature, 2014, 509 (7500): 310-317.

[87] Santos C A, Saraiva A M, Toledo M A, et al. Initial biochemical and functional characterization of a 5′-nucleotidase from Xylella fastidiosa related to the human cytosolic 5′-nucleotidase I [J]. Microbial Pathogenesis, 2013, 59-60: 1-6.

[88] Liu P, Pian Y, Li X, et al. *Streptococcus suis* adenosine synthase functions as an effector in evasion of PMN-mediated innate immunit [J]. Journal of Infectious Diseases, 2014, 210 (1): 35-45.

[89] Dai J, Lai L, Tang H, et al. *Streptococcus suis* synthesizes deoxyadenosine and adenosine by 5′-nucleotidase to dampen host immune responses [J]. Virulence, 2018, 9 (1): 1509-1520.

[90] Thammavongsa V, Kern J W, Missiakas D M, et al. *Staphylococcus aureus*

synthesizes adenosine to escape host immune responses [J]. Journal of Experimental Medicine, 2009, 206 (11): 2417-2427.

[91] 刘镇宏. 复星长征血清 5′-核苷酸酶试剂在生化检验中的应用 [J]. 华夏医学, 2017, 30 (4): 82-85.

[92] Poirier V, Av-Gay Y. Intracellular growth of bacterial pathogens: the role of secreted effector proteins in the control of phagocytosed microorganisms [J]. Microbiology Spectrum, 2015, 3 (6).

[93] 姜贵媛, 张欣欣. 水稻 Ca^{2+} 依赖性核酸酶融合蛋白的构建、纯化及酶活性分析 [J]. 分子植物育种, 2018, 16 (23): 7676-7682.

[94] Iiyama K, Lee J M, Tatsuke T, et al. Expression and characterization of recombinant serratia liquefaciens nucleases produced with baculovirus-mediated silkworm expression system [J]. Molecular Biotechnology, 2016, 58 (6): 393-403.

[95] Doke M, Fukamachi H, Morisaki H, et al. Nucleases from *Prevotella intermedia* can degrade neutrophil extracellular traps [J]. Molecular Oral Microbiology, 2017, 32 (4): 288-300.

[96] Gupta A K, Giaglis S, Hasler P, et al. Efficient neutrophil extracellular trap induction requires mobilization of both intracellular and extracellular calcium pools and is modulated by cyclosporine A [J]. PLoS One, 2014, 9 (5): e97088.

[97] Camejo A, Carvalho F, Reis O, et al. The arsenal of virulence factors deployed by *Listeria* monocytogenes to promote its cell infection cycle [J]. Virulence, 2011, 2 (5): 379-394.

[98] Friedman M. Antibiotic-resistant bacteria: prevalence in food and inactivation by food-compatible compounds and plant extracts [J]. Journal of Agricultural and Food Chemistry, 2015, 63 (15): 3805-3822.

[99] 余祖华, 陈松彪, 张春杰, 等. 5 株鼠伤寒沙门菌基因缺失株的生物学特性比较 [J]. 中国兽医学报, 2015, 35 (8): 1275-1279.

[100] 仇钰. 红细胞 P5′-N 缺乏症 1 例与 357 例全血细胞减少症临床分析 [D]. 济南: 山东大学, 2017.

[101] Gast R K, Guraya R, Jones D R, et al. Frequency and duration of fecal shedding of *Salmonella serovars Heidelberg* and *Typhimurium* by experimentally infected laying hens housed in enriched colony cages at different stocking densities [J]. Avian Diseases, 2017, 61 (3): 366-371.

[102] Mcnabb S J, Jajosky R A, Hall-Baker P A, et al. Summary of notifiable diseases--United States, 2006 [J]. MMWR Morbidity and Mortality Weekly Report, 2008, 55 (53): 1-92.

[103] Foley S L, Johnson T J, Ricke S C, et al. *Salmonella* pathogenicity and host adaptation in chicken-associated serovars [J]. Mircobiology and Molecular Biology Reviews, 2013, 77 (4): 582-607.

[104] Agbor T A, Mccormick B A. *Salmonella* effectors: important players modulating host cell function during infection [J]. Cellular Microbiology, 2011, 13 (12): 1858-1869.

[105] 张淼丹，张明亮，张俊峰，等．表达 PRRSV GP5 蛋白重组减毒猪霍乱沙门菌 C78-1 的构建及生物学特性 [J]．中国兽医科学，2013，43 (9)：975-981.

[106] Storisteanu D M, Pocock J M, Cowburn A S, et al. Evasion of neutrophil extracellular traps by respiratory pathogens [J]. American Journal of Respiratory Cell and Molecular Biology, 2017, 56 (4): 423-431.

[107] Berends E T, Horswill A R, Haste N M, et al. Nuclease expression by *Staphylococcus aureus* facilitates escape from neutrophil extracellular traps [J]. Journal of Innate Immunity, 2010, 2 (6): 576-586.

[108] Radcliff F J, Fraser J D, Proft T. Vaccination with *Streptococcus pyogenes* nuclease A stimulates a high antibody response but no protective immunity in a mouse model of infection [J]. Medical Microbiology and Immunology, 2015, 204 (2): 185-191.

[109] 田芳华，程相朝，张春杰，等．鼠伤寒沙门菌 SL1344 株 Δ*crp*Δ*asd* 缺失株的构建及生物学特性初步研究 [J]．中国兽医学报，2013，33 (11)：1700-1706.

[110] 于思慧，单朝萌，文雪霞，等．cGAS-STING 信号通路在先天性免疫中的作用研究进展 [J]．动物医学进展，2022，43 (4)：87-92.

[111] Han T, Tang H, Lin C, et al. Extracellular traps and the role in thrombosis [J]. Frontiers in Cardiovascular Medicine, 2022, 9: 951670.

[112] Cubillo-Martínez A A, Pereyra M A, Garfias Y, et al. Extracellular traps involved in invertebrate immune mechanisms [J]. Fish & Shellfish Immunology, 2022, 121: 380-386.

[113] Afonso M, Mestre A R, Silva G, et al. *Candida* extracellular nucleotide metabolism promotes neutrophils extracellular traps escape [J]. Frontiers

in Cellular and Infection Microbiology, 2021, 11: 678568-678578.

[114] Mitiku F, Hartley C A, Sansom F M, et al. The major membrane nuclease MnuA degrades neutrophil extracellular traps induced by *Mycoplasma bovis* [J]. Veterinary Microbiology, 2018, 218: 13-19.

[115] Morita C, Sumioka R, Nakata M, et al. Cell wall-anchored nuclease of *Streptococcus sanguinis* contributes to escape from neutrophil extracellular trap-mediated bacteriocidal activity [J]. PloS One, 2014, 9 (8): e103125.

[116] Weng W, Hu Z, Pan Y. Macrophage extracellular traps: current opinions and the state of research regarding various diseases [J]. Journal of Immunology Research, 2022, 2022: 7050807-7050817.

[117] Tong Y, Xin Y, Fu L, et al. Excessive neutrophil extracellular trap formation induced by porphyromonas gingivalis lipopolysaccharide exacerbates inflammatory responses in high glucose microenvironment [J]. Frontiers in Cellular and Infection Microbiology, 2023, 13: 1108228-1108239.

[118] King P T, Sharma R, O' Sullivan K, et al. Nontypeable *Haemophilus influenzae* induces sustained lung oxidative stress and protease expression [J]. PloS One, 2015, 10 (3): e0120371.

[119] Mónaco A, Canales-Huerta N, Jara-wilde J, et al. *Salmonella* typhimurium triggers extracellular traps release in murine macrophages [J]. Frontiers in Cellular and Infection Microbiology, 2021, 11: 639768-639778.

[120] Marin-Esteban V, Turbica I, Dufour G, et al. Afa/Dr diffusely adhering *Escherichia coli* strain C1845 induces neutrophil extracellular traps that kill bacteria and damage human enterocyte-like cells [J]. Infection and Immunity, 2012, 80 (5): 1891-1899.

[121] Liu P, Wu X, Liao C, et al. *Escherichia coli* and *Candida albicans* induced macrophage extracellular trap-like structures with limited microbicidal activity [J]. PloS One, 2014, 9 (2): e90042.

[122] Liao C, Zhang M, Cheng X, et al. Identification and characterization of the nuclease activity of the extracellular proteins from *Salmonella enterica* serovar typhimurium [J]. Current Microbiology, 2020, 77 (11): 3651-3660.

[123] Chang A, Khemlani A, Kang H, et al. Functional analysis of Strepto-

coccus pyogenes nuclease A (SpnA), a novel group A streptococcal virulence factor [J]. Molecular Microbiology, 2011, 79 (6): 1629-1642.

[124] De Buhr N, Neumann A, Jerjomiceva N, et al. *Streptococcus suis* DNase SsnA contributes to degradation of neutrophil extracellular traps (NETs) and evasion of NET-mediated antimicrobial activity [J]. Microbiology (Reading), 2014, 160 (Pt 2): 385-395.

